Günter Künkele

Steiniges Paradies

Silberburg-Verlag

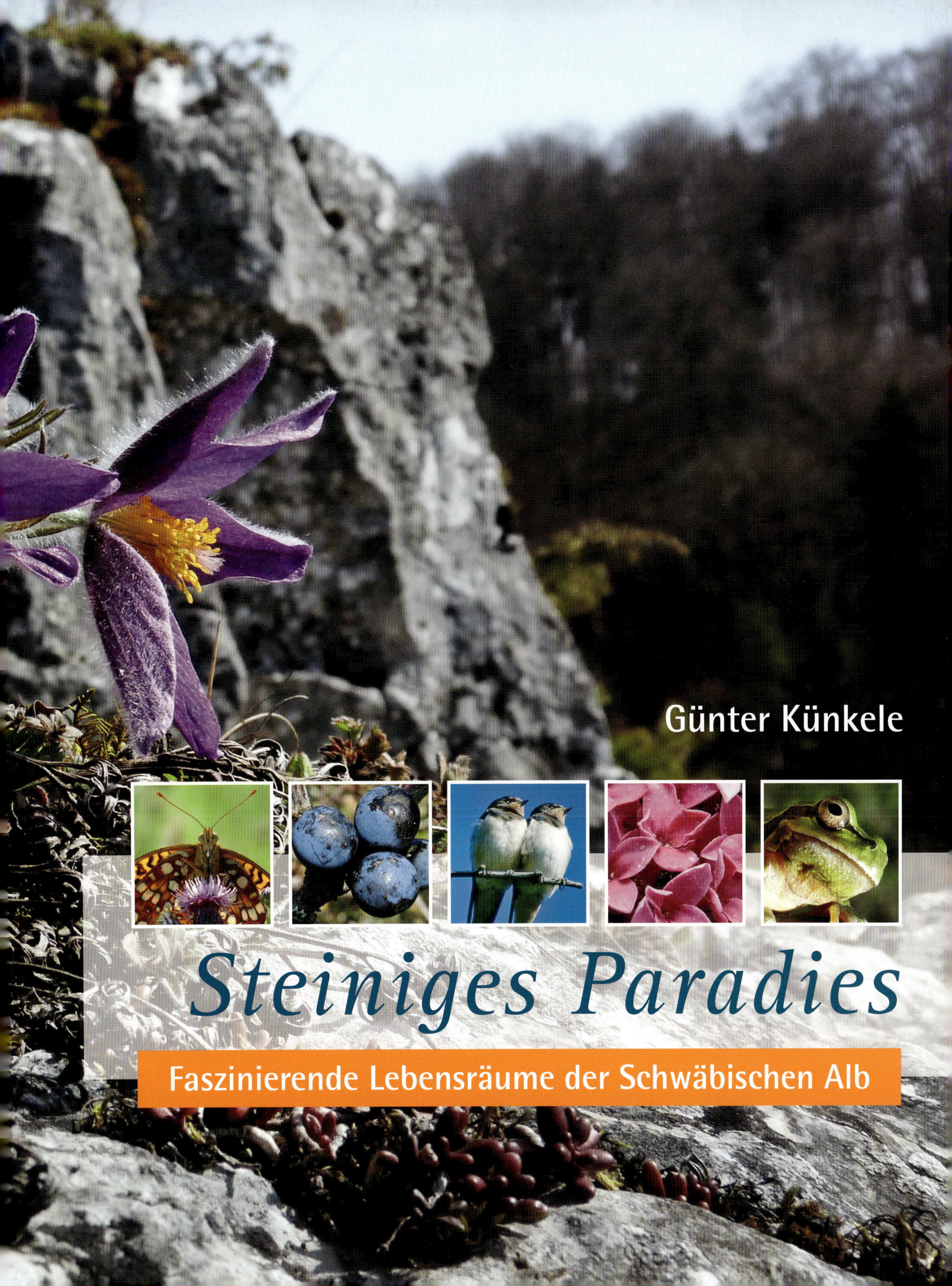
Günter Künkele
Steiniges Paradies
Faszinierende Lebensräume der Schwäbischen Alb

Blüte einer Filzigen Klette

Vordere Umschlagseite: Wielandstein im Lenninger Tal. Einklinker von links nach rechts: Argus-Bläulinge, Sommer-Adonisröschen, Grünfrosch, Teufelsabbiss, Eisvogel

Vorderes Vorsatzpapier: Frühling im Streuobstparadies am Albtrauf bei Brucken

Seite 2/3: Im Frühjahr brechen Küchenschellen aus dem Fels und läuten den Frühling ein.

Hinteres Vorsatzpapier: Bekannt für heimliche Seitensprünge – Halsbandschnäpper mit Beute.

Günter Künkele, geboren in Seeburg bei Bad Urach, engagiert sich ehrenamtlich im Umwelt- und Naturschutz, war zwölf Jahre Vorsitzender des Bund Naturschutz Alb-Neckar e. V. (BNAN) und ist Naturschutzwart. Durch seine zahlreichen Publikationen zur heimischen Fauna und Flora hat er sich einen Namen als ausgewiesener Alb-Kenner gemacht. 2005 erhielt er das Bundesverdienstkreuz am Bande für seine Naturschutzarbeit, 2008 den »Gerhard-Thielcke-Naturschutzpreis«.

1. Auflage 2011

Umschlaggestaltung:
Christoph Wöhler, Tübingen,
unter Verwendung von Fotografien
von Günter Künkele.
Druck: Gulde-Druck, Tübingen.

Printed in Germany.

ISBN 978-3-8425-1138-5

Besuchen Sie uns im Internet
und entdecken Sie die Vielfalt
unseres Verlagsprogramms:
www.silberburg.de

Inhalt

Naturerbe Schwäbische Alb 9

Bodenständig 10
Schlüssel und Schloss 16

Hecken und Steinriegel 21

Häger hinter Hagen 22
Heckenzauber mit Heckabeerla und Juckpulver 26
Heckenbewohner 28
Stoireich 33

Magerrasen 37

Ochsentour zur Ochsenhalde 38
Vielfalt statt Einfalt 40
Samet-Weibla und Samet-Mola 47

Wacholderheiden 51

Europäisches Tafelsilber 52
Artenvielfalt durch Raubbau 54
Sagenhafter Wacholder 56
Brutöfen und Kältefallen 60
Katzenpfötchen und Mondrauten 63

Wiesen 67

Im schönsten Wiesengrunde 68
Insektentanz im Sternenglanz 70
Blumen sind die Sterne der Erde 72
Wiese ist nicht gleich Wiese 74
Gib ihnen Saures 76

Stehende Gewässer *83*

Hülennass und Hülenspaß *84*
Hülensterben *87*
Hülenleben *88*
Verwandlungskünstler
und Schreihals *95*

Höhlen *99*

Unterwelten *100*
Anpassungskünstler *102*
Unterirdische Herbergen *103*
Leben auf Sparflamme *105*
Leben unter Balmen *107*

Quellen und Fließgewässer *111*

Schicksalsgemeinschaft *112*
Europäische Kostbarkeiten *114*
Aus den Augen – aus dem Sinn *118*
Laufen gegen den Strom *120*
Blaue Wunder *122*

Feuchtlebensräume *127*

Sümpfe treiben seltsame Blüten *128*
Ofenwisch und Pfeifengras *133*
Fallensteller und Insektenfresser *135*

Felsen *141*

Treffpunkt Albfelsen *142*
Extremlebensräume *144*
Heimliche Könige *147*
Flucht in lebensfeindliche Steinwüsten *150*

Streuobstwiesen *157*

2000 Jahre altes Menschenwerk *158*
Früchte- und Tierparadies *160*
Pendler zwischen afrikanischer und schwäbischer Savanne *166*
Heimliche Seitensprünge *168*
Nützliche Kobolde *170*

Wälder *173*

Hochadel der Albwälder *174*
Blumengeschmückte Hallen *178*
Lichte Orchideen-Buchenwälder *184*
Urige Schlucht- und Hangmischwälder *186*
Lichtgestalten im Schattwald *190*
Schlüsselfiguren *191*

Paradies im Kleinformat *195*

Ziviler Volltreffer *196*
Sprengsatz und Keimzelle *198*
Raritätenkabinett mit militärischer Vergangenheit *202*

Naturerbe Schwäbische Alb

Bodenständig

Die Schwäbische Alb ist das größte Karstmittelgebirge in Mitteleuropa und besticht durch Schönheit, Vielfalt und Eigenart. Mit durchschnittlich 40 Kilometer Breite erstreckt sie sich über rund 200 Kilometer vom 668 Meter hohen Ipf am Rand des Nördlinger Rieses im Nordosten bis zum 924 Meter hohen Randen nahe des schweizerischen Kantons Schaffhausen im Südwesten. Es ist eine abwechslungsreiche Karst- und Vulkanlandschaft, gestaltet und geformt durch Urmeere, verschwundene Flüsse, erloschene Vulkane und gewaltige Kräfte.

Ihre Wiege stand im Zeitraum von 195 Millionen bis 145 Millionen Jahren vor unserer Zeit auf dem Grund des warmen Jurameeres, als sich Kalk ablagerte. Mit der allmählichen Hebung des Meeresbodens gegen Ende der Jurazeit bildeten aus Meeressedimenten entstandene Schichten zusammen mit fossilen Riffen das Festland. Auf der ältesten Schicht, dem Schwarzen Jura, steht die Albtafel. Die eigentliche Schwäbische Alb beginnt mit dem hügeligen, sanften Anstieg auf Braunem Jura als Sockel. Charakteristisch sind hier quellreiche Tonschichten und Streuobstwiesen. Der Steilanstieg mit dem markanten, von hellen Felsen bestückten Albtrauf und die Hochfläche mit ihren steinigen Äckern bestehen aus den verschiedenen Schichtfolgen des Weißen Jura. Das Relief der Albhochfläche wird durch Riffbuckel aus Schwamm-Algenkalken

Jura-Felsriff bei Hütten im Schmiechtal

geprägt. Diese harten Massenkalkschädel der sogenannten Kuppenalb widerstehen fortschreitender Erosion am längsten.

Durch die Auffaltung der Alpen im mittleren Tertiär vor etwa 40 bis 20 Millionen Jahren wurde die Albtafel allmählich höher gehoben und schräg gestellt. Letztmals konnte vor 25 Millionen Jahren das tertiäre Meer, vom Voralpenraum her, über die südliche Abdachung bis zur heutigen Klifflinie vordringen. Es rasierte das wellige Gelände ab und ebnete es zur Flächenalb mit ihren fruchtbaren Verwitterungsböden. Im Laufe langer Zeiträume drückten großtektonische Bewegungen im Inneren der europäischen Kontinentalplatte, Ablagerung und Verfestigung, die gemeinsame Flussgeschichte von Rhein und Donau und nicht zuletzt Verwitterung der Schwäbischen Alb ihren Stempel auf. Dauerfrostböden in den Eiszeiten mit Plombierung des klüftigen Untergrunds und Abtragung oberflächlicher Gesteinsschichten in einer geschätzten Mächtigkeit von mehr als 250 Metern hinterließen ihre Spuren.

Blick vom Breitenstein bei Ochsenwang nach Westen

Oberes Donautal: Schloss Bronnen thront auf dem Felsen eines Jurameer-Atolls.

Bis heute hebt sich der Albkörper. Abtragungen mittels Korrosion und Erosion mit einhergehender starker Verkarstung verändern ihn schleichend. Als Folge ergibt sich ein reicher Schatz von typischen Karstformen und Wasserarmut auf der Albhochfläche. Eine vor 17 Millionen Jahren einsetzende und sechs Millionen Jahre anhaltende Aktivität des Schwäbischen Vulkans hinterließ im Bereich von Bad Urach und Kirchheim unter Teck etwa 360 bisher bekannte Vulkanpropfen. Hier steht wasserstauender Vulkantuff an.

Das Relief der Schwäbischen Alb ist geprägt durch sanfte Anstiegshügel, Zeugen- und Ausliegerberge, Vulkankegel, Maare, liebliche Stufenrandbuchten, Steilstufen und schroffe Felsen. Tief eingeschnittene, nacheiszeitliche Kerbtäler, dunkle Schluchten, schattige Klingen, frische Schichtquellen, blaue Quelltöpfe, rauschende Wasserfälle und Bäche, Tuffterrassen, dunkle Höhlen-

und Karstgänge, bröselnde Höllenlöcher, rundliche Kuppen, weite Karstwannen, eingebrochene Dolinen, Feld- und Dorfhülen, Hungerbrunnen und eiszeitliche Trockentäler sind typisch.

Die höchsten Erhebungen des Mittelgebirges von mehr als 1000 Höhenmeter befinden sich auf der Südwestalb, welche vom Hochrhein bis zur Lauchert und zur Starzel reicht. Die Mittlere Alb mit annähernd 900 Metern Höhe schließt sich daran bis zu Fils und Lone an. Auf der Ostalb hin zum Nördlinger Ries werden 800 Meter Meereshöhe nicht erreicht.

Hauptsächlich bestimmen Höhenlage, Klima, Niederschläge und Bodenverhältnisse die Pflanzenwelt der Schwäbischen Alb. Diese wiederum ist Lebensgrundlage für die albtypische Tierwelt. Alle Biotope fußen im Wesentlichen auf den Gesteinen der südwestdeutschen Schichtstufenlandschaft aus der Jurazeit und tertiärem Gestein, speziell auf der Südabdachung der Alb.

Kalktuff-Schnaupe am Uracher Wasserfall. Seitenmitte: Feldflur, Heckenzeilen und Wacholderheide bei der Salmendinger Kapelle

Rechte Seite: Auf wasserstauendem Vulkantuff entstand das Schopflocher Moor. Vorhergehende Doppelseite: Sinterbecken im Donntal bei Gutenberg

Schlüssel und Schloss

Erdgeschichte und traditionelle Bewirtschaftungsformen sind das Fundament für die Naturräume des Gebiets. Unterschiedliche oder gleichartige Standorte und Standortbedingungen sind Nährboden für verschieden oder gleichartig zusammengesetzte Pflanzengesellschaften. Nährstoffarm oder -reich, trocken oder nass, schattig oder licht, kalkig oder sauer, warm oder kalt – die Umweltbedingungen sind ausschlaggebend für die jeweilige Besiedlung der verschiedenen Biotope.

So haben sich im Laufe der Zeit einheitlich beschaffene, typische, zur Umgebung abgrenzbare Lebensräume ergeben. Bis auf wenige Urbiotope sind es Lebensräume aus Menschenhand. In allen findet man eingespielte Lebensgemeinschaften zwischen Pflanzen und Tieren, sogenannte Biozönosen, welche sich aufgrund ähnlicher Ansprüche an ihre Umwelt gebildet haben.

Erst wenn die Kulisse mit entsprechenden Requisiten ausgestattet ist, können die Akteure auftreten. Manche Schmetterlingsarten sind auf bestimmte Saugpflanzen angewiesen. Ihre Eier heften sie wiederum an bestimmte, andersartige Blütenpflanzen. Wie der passende Schlüssel zum Schloss gehören zum jeweiligen Lebensraum seine typischen Lebensgemeinschaften. In der Tierwelt öffnen Schlüsselfiguren die Türen für andere Arten. Pflanzen- oder Tierpioniere bereiten das Terrain für eine ganze Palette von Nachfolgearten. Manche Lebewesen haben außergewöhnliche Lebenszyklen. Sie sind auf Gedeih und Verderb zum Zusammenleben im gleichen Biotop mit einer anderen Art verdammt. Dafür gehen Freund und Feind spezieller Arten sogar eine Zweckgemeinschaft zum gegenseitigen Vorteil ein, wie beispielsweise einige Schmetterlingsarten

Eine starke Karstquelle: der Ach-Quelltopf bei Schelklingen

mit Ameisen. Solch komplexe Symbiosen sind sehr störanfällig. Fällt nur ein Glied in dieser Kette aus, kommt es zum Abwandern der Partnerart oder gar zu deren Ausrottung und damit zur Entwertung des Biotops.

Das Mosaik der verschiedenen Naturräume der Schwäbischen Alb und ihr Strukturreichtum sind der Schlüssel zur Artenvielfalt. Flächenverbrauch und großflächiges Ausräumen führen zu Strukturarmut, zum Verlust von Lebensräumen und damit zum Artensterben. Professor Dr. Hans Schwenkel aus Hülben schreibt 1933 im Heimatbuch des Bezirks Urach: »Die Pflanzendecke ist ein wesentliches Stück Heimat, das uns immer umgibt, wenn wir ins Freie kommen, und das sehr stark zu jedem Menschen spricht, der offene Sinne hat. Vertrautheit mit der Pflanzenwelt vertieft die Freude an der natürlichen Schönheit der einzelnen Pflanze, an Blume und Gras, an Strauch und Baum, aber auch an ihrer Gesamtwirkung und deren Wandel im Landschaftsbild.« Dieses hat sich seither gravierend verändert. Doch schon damals konstatierte er: »Von der menschlichen Hand völlig unberührte

Landschaften gibt es im Bezirk Urach kaum mehr.« Das gilt für die gesamte Schwäbische Alb, die heute zu mehr als 95 Prozent vom Menschen genutzt wird. »Die natürliche Landschaft, die einstens unser Land erfüllte, ist durch die menschliche Kultur fast restlos umgewandelt und zur Kulturlandschaft geworden. Damit hat sich auch die Tierwelt verändert. Vielen Tieren sind die Lebensbedingungen genommen, die sie brauchen, oder sie sind im Kampf mit dem Menschen umgekommen«, schreibt Schwenkel vor 80 Jahren.

Dem biblischen Gebot, das irdische Paradies zu bewahren, handelt der Mensch als selbst ernannte Krone der Schöpfung permanent zuwider. Die Biotop- und Artenvielfalt hat durch seine intensiven Eingriffe in den letzten 30 Jahren rasanter abgenommen als jemals zuvor. Naturschutzgebiete machen nur rund drei Prozent der Fläche aus. Ihrer Funktion als Arche werden sie mangels Größe, Pufferung und halbherzig umgesetzten Pflegeplänen immer weniger gerecht. Es bleibt die Verpflichtung, die verbliebenen Naturjuwelen in der Schatzkammer der Schwäbischen Alb als schwäbisches Naturerbe ersten Ranges zu hüten. Biotope müssen wieder verbunden werden, damit sich verinselte und auf kleinste Bestände reduzierte Tierpopulationen wieder mit Artgenossen austauschen können. Ursprüngliche Tierarten, wie Rothirsch, Luchs, Wolf, Wildkatze oder Geier, die zurückkehren, müssen ein Bleiberecht erhalten.

Aufgrund natürlicher Dynamik, fließender Übergänge und der Findigkeit von Arten, Nischen zu besetzen, ist jeder Versuch, komplexe Lebensräume, deren Vernetzungen und ungeheure Artenvielfalt in Kapitel zu trennen oder gar vollständig darzustellen, naturfernes Schubladendenken. Trotzdem ist dieses Buch zur besseren Übersicht themenorientiert gegliedert. Es enthält eine Auswahl repräsentativer Lebensräume und Arten der Schwäbischen Alb. Eine große Anzahl davon ist europaweit stark bedroht und deshalb eingebunden in das Schutznetz NATURA 2000 der Europäischen Union. Auf dieses europäische Naturerbe sind inzwischen immer mehr zukunftsorientierte Älbler stolz und übernehmen dafür Verantwortung. Was im Folgenden komprimiert vorgestellt wird, soll nicht darüber hinwegtäuschen, dass es nur noch kümmerliche, kleinflächige Reste ursprünglicher Natur sind. Inzwischen sind viele Pflanzen und Tiere die Letzten ihrer Art und gehören zum Raritätenkabinett. Wer ihnen begegnet, darf sich glücklich schätzen.

Hecken und Steinriegel

Häger hinter Hagen

Kilometerweit schweift der Blick über eine völlig ausgeräumte, bereinigte Agrarflur und stößt am Horizont an Wald. Wo sind die blühenden mehrzeiligen Feldhecken geblieben? Wo kommen die Wildfrüchte für Köstlichkeiten wie Holunder-Gelee, Schlehenlikör, Hägenmark, Kernlestee oder Weißdornpräparate für Herzmedikamente inzwischen her? Wo sollen fortan Rebhühner ihre Bodennester bauen oder Goldammern ihr schwermütiges Lied singen? Sowohl Arten als auch Anzahl der gefiederten Sänger der offenen Feldflur sind rapide zurückgegangen. Können sich Fuchs und Feldhase noch Gute Nacht wünschen?

Allein im Landkreis Göppingen gibt es nach Angaben des Landratsamts nur noch rund 600 Hektar Heckenflächen. Dies ergibt bei einer kartierten Anzahl von zirka 3000 und einer Breite mit Krautsaum von acht Metern eine maximale Länge von 25 Metern je Hecke. Mit solchen Heckenstummeln ist kein Staat zu machen, weder bei Touristen noch für die Wiederbelebung der Feldflur. Auf der gesamten Albhochfläche gibt es kaum noch Flächen mit mehreren Heckenzeilen, obwohl Flurnamen wie beispielsweise Zeiläcker, Hinter Hagen, Hagenäcker, Heckenrain, Schlehenäcker, Hagbühl darauf hinweisen.

Nur noch vereinzelt zu finden, sind sie kulturhistorische Zeugnisse einstiger kleinbäuerlicher Landbewirtschaftung. Denn die Bauern in vorigen Jahrhunderten verrichteten ihr Tagewerk auf kleinen Parzellen. Moderne industrielle Massenproduktion von Nahrungsmitteln, Futtermitteln und Biomasse findet dagegen auf riesigen maschinengerechten Schlägen statt. Häger, wie der Älbler Feldhecken nennt, wurden in

Hermelin oder Großes Wiesel mit weißem Winterfell

den letzten Jahrzehnten gewaltig dezimiert, obwohl sie unersetzlichen ökonomischen, ökologischen und ästhetischen Wert haben. Kurz vor ihrem Ende wurden die kümmerlichen Reste gesetzlich geschützt.

In vitalen Feldhecken der freien Alblandschaft bilden bis zu 30 Wildstraucharten eine grüne Mauer. Einst grenzte solch ein lebender Zaun Ackerland von Weideland ab. Dichtes Hagedornen-Gestrüpp verhinderte, dass Vieh in Kulturen eindringen konnte. Doch dem nicht genug: Heckenreihen wirken sich ertragsteigernd auf den landwirtschaftlichen Anbau aus. Sie bremsen den Wind, verhindern den Abtrag wertvoller Ackerkrume und schützen den Boden vor Austrocknung durch Sonne und Wind. Feldgehölze und Hecken tragen in ihrer Umgebung für einen ausgeglichenen Temperatur- und Feuchtehaushalt bei, indem sie die Verdunstung von Bodenfeuchtigkeit durch Beschattung senken, Niederschlagswasser über längere Zeit puffern und es über ihre Blattmasse langsam wieder abgeben. Dank dichter Durchwurzelung des Oberbodens schützen sie Hänge, Böschungen und Gewässerränder vor Erosion. Sie sind damit natürliche Förderer der Landwirte und ihrer Ernteerträge, Klimaregulatoren, Lebensraum und Rückzugsgebiet für Kleinlebewesen, welche Nutzpflanzenschädlinge bekämpfen. In Gestalt einer Nieder-, Mittel-, Hoch- oder Baumhecke bereichern sie das spärliche Arteninventar einer eintönigen, weitgehend ausgeräumten Agrarlandschaft.

Ähnlich wie Wälder das Regionalklima beeinflussen, haben Feldhecken Ausgleichsfunktion für das Kleinklima, das sie bis in eine Entfernung von 150 Metern mitregulieren. Sie fördern auf der windabgewandten Seite die Taubildung und bremsen Kaltluft vor Mulden und Senken ab.

Ein gut strukturiertes, natürliches Hag baut auf einem Lesesteinriegel auf und be-

Goldammern und Feldhasen sind auf strukturreiche Fluren mit Hecken angewiesen.

Pralle Schlehenfrüchte lassen sich zu Köstlichkeiten veredeln.

steht aus Büschen, Sträuchern, Einzelbäumen, Kletterpflanzen und einer Krautschicht am Heckenfuß. Den Krautsaum bilden Hochstauden und kriechende, niedere Dornpflanzen. Brombeere, Kriechrose und Wilde Stachelbeere, das sogenannte Heckabeerle, verhaken sich zu einem Verhau. Im nächsten Stockwerk folgen Sträucher wie Schlehdorn, Hartriegel, Wolliger und Gemeiner Schneeball, Heckenrosen und Liguster. Ha-

gedorn oder Weißdorn kommt in mehreren Arten vor. Bei der typischen Hochhecke übernehmen ab drei Meter Höhe Haseln, Weiden, Schwarzer Holunder und Altsträucher die Herrschaft. Feldahorn, Hagebuche, Wildkirsche, Holzapfel, Mehlbeere und Eberesche charakterisieren eine Baumhecke, die sich in ihrer Zusammensetzung je nach Klima, Bodenbeschaffenheit und Standort unterscheidet.

Die zwittrigen Blüten des Wolligen Schneeballs duften intensiv.

Heckenzauber mit Heckabeerla und Juckpulver

Heckenzeilen sind Saumbiotope mit artenreicher Vegetation auf engstem Raum und haben weitreichende Vernetzungswirkung. Sie stellen eine lebende Verbindung zu anderen Biotopen her. In ihrem Schutz können Tiere wandern, die auf offener Fläche keine Überlebenschance hätten. Ihre Brückenfunktion wirkt der Verinselung und Artenverarmung von Lebensräumen entgegen und sichert den genetischen Austausch.

Bis zu 1500 verschiedene Tierarten leben in einer Wildhecke. Tiere und Vögel finden Ansitzwarten, Futter, Deckung vor Feinden, Schutz in der Nacht, vor schlechtem Wetter, Winterquartiere oder Nistplätze. Zauneidechsen, Blindschleichen, Erdkröten, Laufkäfer, Schnecken und Igel halten ihren Winterschlaf oder ihre Winterstarre in der Bodenschicht mit Lesesteinhaufen, altem Holz und Wurzelstrünken. Eine Laubschicht dient zudem als Unterschlupf für ein Heer von Kleinlebewesen.

Heckenzauber: in herbstlichen Farben entflammte Vogelkirschen und Feldahorne

Gemeinsam mit Gehölzgruppen, Baumreihen und Solitärbäumen setzen Heckenzeilen Akzente in monotonen Agrarflächen. Den Wechsel der Jahreszeiten untermalen sie mit leuchtendem Farbenspiel und tragen dadurch zu einem reizvollen Landschaftsbild bei. Bezaubernd schön sind Wildhecken zu jeder Jahreszeit: Im Winter verfängt sich kristallweißer Raureif im filigranen Astgewirr oder Schnee pudert den Heckenstrang ein. Im Frühjahr und Frühsommer wird das lindgrüne Laub von einer weißen Schlehen-, Weißdorn-, Hartriegel- und frisch-fruchtig duftenden Holunderblütenpracht zugedeckt. Zartrosa blühende Heckenrosen locken Rosenkäfer und andere Insekten ebenso an wie die honigsüßen Scheibenblüten des Kreuzdorns. Die Heckenblüte ist eine langträchtige Bienenweide. Im Herbst verfärben sich die Blätter der Heckensträucher bunt und warten mit einem opulenten Früchtetraum auf. Leckere Haselnüsse, Hagebutten, Schlehen, Liguster- und Holunderbeeren verlocken in verführerisch leuchtenden Farben eine große Schar gefiederter Gäste zum Naschen. Zugvögel greifen bei Zwischenlandungen auf ihren beschwerlichen Reisen gerne auf das Catering der Wildhecken zurück. Selbst fleischfressende Vögel wie die Grasmücken stellen jetzt ihren Speisezettel auf vegetarische Kost um. Nach monatelanger Insektenjagd stärken sie sich mit Heckenfrüchten für den anstrengenden Flug ins Winterquartier im tropischen Afrika. Besonders üppiger Beerensegen dient im Winter Standvögeln wie Amseln und Wacholderdrosseln als Notration. Hagebutten werden durch Frost weich, ihr Fruchtfleisch süßlich und schmackhaft. Grünfinken und der Seidenschwanz, ein seltener Wintergast aus der Taiga, picken genüsslich danach.

Doch die Beeren der Hecken dienen nicht nur der Tierwelt, sondern auch dem Menschen: Früher wurde vitaminreiches Hägenmark oder bekömmlicher Tee hergestellt. Mit haarigen Hagebuttenkernen ärgerten sich Kinder gegenseitig, denn heimlich in den Nacken gestreut, wirkten sie als »Juckpulver«. Haselnüsse schmecken nicht nur Eichhörnchen und Spechten. Auch Holunderbeeren bereicherten den menschlichen Speisezettel mit Saft und köstlichem Gelee. Aus Holz von Schwarzdorn, Weißdorn und dergleichen wurde außer Schäfers Schippe mancher Gerätestiel oder Rechenzinken gefertigt.

Raureifbärte am moos- und flechtenbewachsenen Heckengehölz

Heckengold: die Früchte der Pfaffenhütchen

Heckenbewohner

Von vielfältig strukturierten Feldhecken profitiert die Vogelwelt und ist deshalb sehr artenreich. Nester lassen sich darin gut verstecken. Ein dichter Dornenverhau sichert die Brut vor Feinden. Wo Heckenbrüter wie Goldammer, Neuntöter oder Dorngrasmücke noch singen und das seltene Rebhuhn seine Küken ausbrütet, ist die Hecke in einem ausgezeichneten Zustand.

Für den Neuntöter erfüllt sie ihre Aufgabe als Wohn- und Brutraum, wenn Heckenrosensträucher eine sichere Nestanlage ermöglichen und er seine überschüssigen Beutetiere als Nahrungsvorrat auf die Dornen des Schwarzdornes spießen kann. Der Zilzalp ist auf die abwehrstarke, dornige Kinderstube im Brombeerdickicht angewiesen. Hier hat Meister Reineke keine Chance zum Zugriff auf Gelege oder Brut.

Dorngrasmücke, Garten-, Mönchs- und Klappergrasmücke als typische Heckenvogelarten brauchen artenreiche und geschlossene Heckenbestände. Überalterte, hochwüchsige Heckenstreifen bieten nicht genügend Deckung. Hoher Feinddruck und widrige Witterungseinflüsse senken die Ausflugsrate von Jungvögeln. Bis zu drei Vogelpaare brüten pro 100 Meter Heckenlänge.

Die Heckenbraunelle, ein Frühlingsbote, deren Brut mehrere Väter haben kann, zieht ihre Nachkommen im Schutz von Heckenkirschen und Pfaffenhütchen auf. In der oberen Etage flechten Elstern und Rabenkrähen ihre Reisignester ein, welche in den Folgejahren gerne von Mäusejägern wie Waldohreulen und Turmfalken weiterbenutzt werden. Mäuse- und Schädlingsplagen gibt es im Bereich von Heckenzeilen nicht. Angesichts eines Heeres von Insekten, das von den Hecken lebt, verwundert es nicht, wenn unter den Vögeln Insektenjäger überwiegen.

Wildbienen und Hummeln nutzen dürre und hohle Stängel, altes Holz und Lesesteinhaufen zur Anlage ihrer Nester. Bis zu 90 Prozent der wirtswechselnden Schlupfwespen sind auf Wildsträucher angewiesen. Ihr Blattwerk und darin versteckte Beutetiere sind Nahrung für Heuschrecken. Typische Gebüschbewohner sind Laubholz-

Das Neuntötermännchen hat eine fette Plumpschrecke erbeutet.

Ligusterschwärmerraupen mästen sich an Liguster-Blättern. Vorhergehende Doppelseite: Acker-Kratzdisteln sind Saugpflanzen für Feurige Perlmutterfalter.

Säbelschrecken, Gewöhnliche Strauchschrecken und Rote Keulenschrecken. Spinnen und Weberknechte, Wanzen, Zikaden und Raubfliegen machen Jagd und werden gejagt. Schadinsekten werden durch spezialisierte Gegenspieler kurz gehalten. Mit der Zeit pendelt sich ein stabiles Gleichgewicht ein.

Mehr als vierzig verschiedene Arten von Kleinschmetterlingen nutzen allein die Schlehenbüsche. Stachelbeerspanner- oder Harlekinraupen sind Gast der Wildstachelbeere und fressen ebenso wie die Raupen des C-Falters deren Blattwerk. Solitäre Wildbienen, insbesondere Sandbienen, besuchen wegen des Nektarreichtums die Blüten dieses Strauchs. Seine süßen, kleinen Kugelfrüchte mögen Vögel, Hasel- und Rötelmäuse ebenso wie im Unterholz lebende Igel.

Stoireich

Die meisten Feldhecken auf der kargen Albhochfläche haben sich mit der Zeit auf Lesesteinriegeln angesiedelt. Die Buckelhaufen sind Zeugnisse jahrhundertelanger menschlicher Knochenarbeit beim Steinlesen und gleichsam versteinerte Abbilder von Generationen unzähliger krummer Bauernrücken, welche zum Nahrungserwerb und Überleben buchstäblich »zu Kreuze kriechen« mussten. Kind und Kegel klaubten die für die Bewirtschaftung hinderlichen Kalkscherben aus »Teufels Hirnschale« von flachgründigen Äckern und lagerten sie linear seitlich ab. Dabei ergab sich ein ganz praktischer, ökonomischer Nutzen: Ein Steinhag hielt weidendes Vieh fern und diente als Materialdepot zur Ausbesserung löchriger Feldwege. Im Tagelohn schlugen Steinklopfer vor Ort in harter Arbeit mit Hämmern die Kalkscherben zu Schotter. Später wurden mechanische Steinquetschen eingesetzt.

Der ökologische Wert der Steinparadiese aus Menschenhand war ebenfalls schon vor Jahrhunderten bekannt. »Besonders die

Lesesteine speichern Wärme. Bergeidechsen nutzen sie zum Aufwärmen.

Weinroter Acker-Wachtelweizen, blauer Großer Ehrenpreis und gelbe Klappertöpfe

Steinriegel der Alb sind vielfach die letzten Zufluchtsstätten der heimischen Wildsträucher und des Wildes, ihre Hecken die einzigen Niststätten der nützlichen Vögel«, schreibt Hans Schwenkel, Autor von Heimatbüchern zu Beginn des vorletzten Jahrhunderts und klagt gleichzeitig: »Die Abtragung der Steinriegel und die Rodung ihrer Hecken schreitet mit Riesenschritten voran.«

Inzwischen sind mehr als 95 Prozent der kulturhistorischen Steinriegel mit Hecken überwachsen oder dem nivellierenden Flurbereinigungshobel zum Opfer gefallen. So sind kleinräumige Haglandschaften inzwischen rar, weil handtuchschmale Äckerle oder Wiesle zwischen den Hägern heute nicht rationell zu bewirtschaften sind.

Steinlagen heizen sich in der Sonne stark auf und lassen Regenwasser rasch in ihren Fugen versickern. Als extreme Trockenstandorte sind sie ökologisch bedeutsam für Wärme und Trockenheit liebende Lebensraumspezialisten, unter anderem Fetthennen-Gewächse, Reptilien, Wiesel und Spitzmäuse. Vor allem sie sind, seit die Plätze an der Sonne auf der steinreichen Albhochfläche immer weniger geworden sind, an den Rand des Aussterbens gebracht worden.

Ein weiteres Beispiel ist ein auf solch steinige Geländestrukturen angewiesener Singvogel, der Steinschmätzer. Weißer Bürzel und weiße Schwanzseiten, helle Unterseite, grauer Rücken, weißer Überaugenstreif und schwarzer Ohrfleck sind ein hervorragendes Tarnkleid für Steinlandschaften. Von Steinhaufen knicksende Steinschmätzer und ihr lerchenähnliches, gepresstes Zwitschern sind mit der Ausräumung der alten Steinriegel sehr selten geworden. Die Zerstörung dieser Lebensräume beraubte sie ihrer Jagdreviere, Singwarten und Nistgelegenheiten, die in Löchern und Nischen zwischen dem Geröll reichlich vorhanden sind.

Als die Steinriegel abgetragen wurden, verschwanden auch die schmalen Grenzertragsstreifen am Rande steiniger Ackerflächen. Hier aber hatten seltene Ackerwildkräuter, die seit dem Beginn des Ackerbaues vor rund 7000 Jahren aus den vorderasiatischen Steppen und dem Mittelmeerraum einwanderten, ihr Refugium. Tiere und Pflanzen auf Äckern sind eng mit unserer Kulturgeschichte verknüpft. Die inzwischen eingetretene Artenverarmung ist Ergebnis einer auf Profit fixierten Agrarwirtschaft. Bunte botanische Acker-Raritäten wie Sommer-Adonisröschen, Acker-Rittersporn, Acker-Goldstern, Spatzenzunge, Gras-Erbse, Gewöhnlicher Frauenspiegel, Kornrade, Gelber Günsel oder Blauer Gauchheil haben keinen Platz mehr. Inzwischen fristen die schönen Ackerwildkräuter in wenigen Feldflora-Reservaten ein kümmerliches Dasein. Die Missachtung scheinbar unwichtiger Pflanzenarten ist fahrlässiger Umgang mit Ressourcen, deren Genen oder Wirkstoffen und hat schwerwiegende Folgen für die Lebensgrundlagen. Von jeder Wildkrautart lebt rund ein Dutzend nützlicher Insekten. Für Wildbienen, welche Kulturpflanzen und Obstbäume bestäuben, sind Ackerwildkräuter außerhalb der Blütezeit der Nutzpflanzen wichtige Nahrungsquellen. Wenn die Bestäubung ausbleibt, fällt auch die Ernte aus. Wirtschaftlich immense Einbußen schaden letztlich den Menschen selbst.

Ein Grünes Heupferd lauert auf Beute. Unten: Kornraden sind auch für Schwebfliegen attraktiv.

Magerrasen

Acker-Witwenblumen ziehen Feuerfalter, Grün-Widderchen und Blutströpfchen magisch an.

Ochsentour zur Ochsenhalde

Zu den meistbedrohten Lebensräumen der Schwäbischen Alb gehören Kalkmager- und Halbtrockenrasen. Diese kurzhalmigen, blumenreichen Wiesentypen auf stickstoffarmen Böden mit basischem Milieu entstanden einst durch extensive Nutzung meist am Steilhang oder auf dem Berg hoch über dem Tal. Dort oben wurde nur einmal im Jahr mit der Sense gemäht. Auf flachgründigem, steinigem Boden blieb der Heuertrag jedoch spärlich. Vorhandener Festmist wurde für Äcker und ertragreichere Wiesen in Hofnähe gebraucht. Die jährliche Entnahme der Pflanzen aus dem Nährstoffkreislauf und ausbleibende Düngung führten allmählich zur Ausmagerung. Inzwischen sind die einmähdigen Wiesen, die sich durch ausgesprochene Nährstoffarmut und typisch schüttere Vegetation auszeichnen, durch aufgedüngte Fettwiesen verdrängt und sehr selten.

Wüste Mähder, Dürrenwiesen, Magere Wiesen, Heuwiesen, Herbst- oder Hochwiese – alte Flurnamen sind bezeichnend. Sie beschreiben anschaulich Lage und kümmerlichen Ertrag solcher ungedüngten Grasländer. Es lohnte sich nicht, sie mehrmals im Jahr zu mähen. Nach einmaligem Schnitt wurden sie gelegentlich nachbeweidet. Der Volksmund titulierte sie einst geringschätzig als Habergoiß. Üblicherweise wurde um Jacobi herum – der 25. Juli ist dem Heiligen Jakobus gewidmet – gemäht.

Für Bauersleute und Zugtiere waren die steilen Aufstiege zur Heuernte auf den ortsfernen Hochwiesen eine elende Schinderei. Das Heu musste mit Ochsenkarren auf abenteuerlichen und abschüssigen Wegen namens Ochsensteigle, Heusteige, Karrensteigle oder Heuweg oft unter großen Gefahren von Hochflächen und Steillagen zu Tal befördert werden. Hoch beladene Heuwagen mit eisenbereiften Holzrädern holperten über Steine und drohten, in unebenen Fahrspuren zu kippen. Knechte liefen nebenher und stützten mit extra langen Heugabeln. Noch heute zeugen vom starken Bremsen tief ins Gestein eingeschliffene Wagenspuren von den alten Fahrwegen.

Außer von Ochsentouren in steilen Ochsenhalden erzählt der Volksmund auch von Schwierigkeiten, nach einer Mähpause die Stelle in mageren Heuwiesen wiederzufinden, wo der Schnitter zuvor seine Arbeit unterbrach. Wegen des spärlichen Graswuchses fiel es schwer, gemähte von ungemähten Flächen zu unterscheiden. Deshalb war es ratsam, am Ort der Unterbrechung den Hut abzulegen, um sich eine Suche zu ersparen. Solch magere, einschürige Wiesen, Einmähder oder Mähder genannt, zählen zu den artenreichsten, blütenreichsten und buntesten Wiesen überhaupt. Den Blumenwundern heute noch zu begegnen ist ein seltenes Glück. Meist sind sie Bestandteil verinselter und viel zu kleinräumiger Naturschutzgebiete.

Blumen- und gräserreiche Halbtrockenrasen sind ökologisch wertvoll und ästhetisch.

Vielfalt statt Einfalt

Mehrschürige Fettwiesen dienen der Massenproduktion von kräuterlosem Einheitsfutter. Sie werden bis zu fünfmal im Jahr gemäht, dazwischen mit Jauche geduscht. Dann ist der Bettsoicher, wie Löwenzahn vom Volksmund bezeichnet wird, bestandsbildend. Die Folgen für die Natur sind verheerend. Statt Artenvielfalt herrscht Einfalt. Für die Kleintierwelt sind Fettwiesen Todeszonen. Heuschrecken, Spinnen, Käfer, Schmetterlinge und deren Larven werden von schnell rotierenden Kreiselmähern verletzt oder zerstückelt, Ameisenhaufen platt gemacht. Bodenbrütende Vögel und Insektenjäger sind ohne Überlebenschancen. Zur gleichen Zeit und innerhalb weniger Tage bis auf die Grasnarbe egalisiert, führen riesige, öde Grasflächen zu radikaler Artenverarmung und zu eintönigen, leblosen und gästefeindlichen Landschaften.

Gegenüber diesen artenarmen, toten und dauergrünen Grasäckern stehen bunte, lebendige Mager- und Halbtrockenrasen mit hoher Artenzahl. Blütenpflanzen können fruchten, ausreifen und aussamen. Damit ist der üppige Blütenflor einer einzigartigen Pflanzengesellschaft auch im nächsten Jahr gesichert. Für die spezialisierte Stammbelegschaft der Magerrasen sind Einwanderungsversuche standortfremder Arten ungefährlich, weil diese sich auf flachgründigen, nährstoffarmen und warm-trockenen Böden nicht dauerhaft halten können. Aufgrund der Nährstoffarmut wachsen auf Halbtrockenrasen nur anspruchslose Pflanzen oder solche, die in der Lage sind, sich Stickstoff trickreich aus der Luft zu beschaffen und

Einst von Mönchen geschätzt: Karthäuser-Nelken. Rechts: Weiße Sommerwurz schmarotzt auf Thymian.

ihn mit Hilfe von Knöllchenbakterien an ihren Wurzeln zu binden. Schmetterlingsblütler wie Wund-, Horn- und Hufeisenklee betreiben solch eine eigene Düngemittelproduktion. Auch weißer Berg-Klee und die seit dem 16. Jahrhundert verwilderte, rot blühende Futter-Esparsette produzieren auf diese Weise ihren eigenen Naturdünger.

Knäuel-Glockenblumen, Küchenschellen, Rundblättrige Kugelblumen, Karthäuser-Nelken, Arznei-Schlüsselblumen, Skabiosen-Flockenblumen, Kugelige Teufelskrallen, Spargelerbsen, Alpen-Pippau, Gewöhnliche Sonnenröschen, Rindsaugen, Würger wie Gelbe, Weiße, Labkraut- und Gamander-Sommerwurz und schmarotzende Schmalblättrige Klappertöpfe – die artenreiche Pflanzengesellschaft der Magerrasen ist geheimnisvoll und perfide. Für Schmetterlinge ist sie ein Paradies. Sowohl Tag- als auch

Eine streng duftende Orchidee mit mächtigen Blütenständen: die Bocksriemenzunge

Argus-Bläulinge beim Sonnenbad. Argus war der hundertäugige Wächter von Io, einer Geliebten des Zeus. Oben: Bläuling und doch nicht blau: das Männchen vom Lilagold-Feuerfalter

Nachtfalter finden hier Saug- und Raupennahrungspflanzen. Raupen von Esparsetten-Widderchen ernähren sich von Hornklee und Esparsette, diejenigen von Weißdolch- und Esparsetten-Bläuling vorwiegend von Esparsette. Eine ganze Bläulings-Armada flattert übers Jahr verteilt von Blüte zu Blüte. Aber nicht alle Bläulinge sind blau: Lilagold-Feuerfalter haben rotgoldene Flügeloberseiten und die vom Braunen Feuerfalter sind braunorange.

Warme Magerrasen sind Ameisenland. Im lockeren Bewuchs können sie leichter herumkrabbeln und allerlei erbeuten. Die meisten Ameisenarten sind die Erzfeinde von Falterraupen. Spezielle rote Wiesenameisen adoptieren jedoch Raupen der Schwarzfleckigen Ameisen-Bläulinge und Kreuzenzian-Ameisen-Bläulinge, weil sie scharf auf Süßes sind. Sie nutzen sie als Melktiere und opfern dafür einen Teil ihrer Brut. Die Falterlarven sind jedoch nicht ganz selbstlos. Als Gegenleistung dürfen sie im warmen Ameisenbau überwintern und sich ungestört verpuppen. Auf dieses Ziel arbeitet ein Schmetterlingsräupchen aktiv hin und verwickelt eine Ameise mehrere Stunden lang in ein kompliziertes Adoptionsritual, bis sie von ihr als eigene Larve akzeptiert wird. Anstatt gefressen zu werden, wird sie in den Kiefern in das Ameisennest verschleppt. Im Bau wird das Adoptivkind gehegt, gepflegt und beleckt. Die Falterlarve sondert ein süßes Sekret ab, das von den Ameisen als Winterkost geschätzt wird. Zum Dank darf sich die Raupe Nimmersatt von Ameisen-Eiern, -Larven und -Vorpuppen ernähren und sich mästen. Dann wird es gefährlich. Sollte sich die Schmetterlingslarve eine falsche Wirtsameisenart ausgesucht haben, wird sie getötet und gefressen. Geht mit der Verpuppung und dem Schlupf im Juni alles gut, fliegen wieder beide Ameisen-Bläulingsarten. Große Raritäten sind beide nicht nur, weil sie auf spezielle Wirtsameisen angewiesen

Argusaugen ähnlich sind die blauen Flecken auf den Flügelunterseiten des Argus-Bläulings. Oben: Kreuz-Enzian: einzige Raupennahrungspflanze des Kreuzenzian-Ameisen-Bläulings

Treffpunkt Tauben-Skabiose: gesellige Widderchen und kleine Käfer

Sonnenbank im Magerrasen: Punktierte Zartschrecke im Larvenstadium auf Hahnenfußblüte

sind, sondern weil ihre Raupen nur wenige Pflanzenarten als Nahrung akzeptieren. Weibchen des Kreuzenzian-Ameisen-Bläulings legen ihre Eier ausschließlich am Kreuzenzian ab. Raupennahrungpflanzen des Schwarzfleckigen Ameisen-Bläulings sind Gewöhnlicher Dost und Feld-Thymian. Blau blühende Acker-Witwenblumen und Tauben-Skabiosen werden von Thymian-Widderchen, Esparsetten-Widderchen, Hufeisenklee-Widderchen und Veränderlichem Widderchen gerne zum Saugen angeflogen.

Am Boden magerer Wiesen tummeln sich verschiedene Laufkäfer und Spinnen. Durch den lichten Halmwald von Zittergras, Schillergras und Aufrechter Trespe hüpft und turnt akrobatisch ein munteres Heer von Heuschrecken wie Kleine Goldschrecke, Plumpschrecke, Wanstschrecke oder Großer Heidegrashüpfer. Magerrasen sind fünffaches Enzian-Land. Azurblaue Frühlings-Enziane eröffnen den Blütenreigen, es folgen übers Jahr Gelber Enzian, Kreuz-Enzian, Fransen-Enzian und Deutscher Enzian.

Samet-Weibla und Samet-Mola

Zwischen dem niedrigen Gras- und Kräuterwuchs der Kalk-Mager- und Halbtrockenrasen leuchten und funkeln seltene, exotisch aussehende Blumen. Die Mähder glänzen mit einem verschwenderischen Orchideenreichtum. Verschiedene Arten wie Ragwurzen, Knabenkräuter, Riemenzungen und Händelwurzen leuchten wie Fixsterne aus dem ohnehin schon bunten Blütenmeer heraus. Alle bezaubern durch fantasievollen, farbenfrohen Blütenbau, Brillanz und Eleganz.

Besonders Ragwurzen verblüffen. Ihre Blütenlippen imitieren Weibchen bestimmter Insektenarten. Menschliche Fantasie hat sie wegen Aussehen und Konstruktion ihrer Blüten Hummel-, Bienen-, Fliegen- und Spinnen-Ragwurz getauft. Zumindest bei der Fliegen-Ragwurz ist die Namengebung treffend. Ihre dunklen, rotbraunen Blütenlippen sind samtartig behaart und glänzen mit einem metallisch bläulichen, glatten Fleck. Die etwa 15 Millimeter großen Einzelblüten sehen kleinen Fliegen verblüffend ähnlich. Orchideenkenner nennen die Fliegen-Ragwurz deshalb einfach Fliege oder Mückle. Im Volksmund heißt sie wegen ihrer samtweichen Blüte auch Samet-Weible.

Als Insektentäuschblume nutzt sie alle erdenklichen Tricks, um von männlichen Insekten bestäubt zu werden. Ihre Blüten sehen weiblichen Grabwespen ähnlich und verströmen auch deren Sexuallockstoffe. Auch Schwebfliegen fallen darauf herein. Ein ungewöhnliches Zusammenspiel zwischen Pflanzen und Insekten – Gestalt, Farbe, Behaarung und Duft täuschen paarungswilligen Insektenmännchen ein Weibchen vor und regen sie zur Scheinkopulation an. Dabei wird ihnen ein Pollenpaket angeheftet, das sie unfreiwillig und unbemerkt zur nächsten Orchidee tragen und diese damit bestäuben.

Als der Humanist und Dichter Nicodemus Frischlin aus seinem Verlies in der Landesfestung Hohenurach am 29. November 1590 flüchtete, stürzte er tödlich ab. Einer Sage nach erblühten im Jahr darauf aus den Blutspritzern Orchideen mit dem Namen Totenköpfle. Gemeint ist damit die Hummel-Ragwurz, eine der schönsten Orchideen steiniger Abhänge und Magerrasen. Als Pendant zum Samet-Weible wird

Fliegenimitat und Samet-Weible: Samtblüten der Fliegen-Ragwurz

sie Samet-Mole genannt. Auch sie gehört zu dieser formen- und farbenreichen Gattung mit insektenähnlichen Lippen. Die braune, breite Unterlippe der Blüte könnte der Leib einer Hummel sein, der obere Teil ihr Kopf. Damit gehört sie ebenfalls zu den Weibchen imitierenden Sexualtäuschblumen.

Es sind aber nicht die schlauen Hummeln, sondern Männchen von Langhornbienen, die sich von Düften verführen und durch Größe und Behaarung der Orchideenlippe erregen lassen. Bei ihren wilden Kopulationsversuchen auf den Attrappen heften sich gestielte Pollinien mit Klebescheiben am Kopf der Insekten fest.

An der Einzelblüte einer Hummel-Ragwurz lässt sich der Aufbau einer Orchideenblüte studieren: Statt Kelch- und Blütenblätter wie andere Pflanzen hat sie eine Blütenhülle aus drei äußeren und drei inneren Blütenblättern. Den Hintergrund bilden die äußeren Kelchblätter, sogenannte Sepalen. Sie sind besonders apart, wenn sie in Dunkelrosa leuchten. Die inneren Blütenblätter der Hummel-Ragwurz bestehen aus der breiten braunen Lippe und den zwei Zipfeln, sogenannte Petalen, je nach Typ von grünlich bis blassrosa gefärbt.

Die Liste der Mähder-Orchideen ist lang: Pyramiden-Hundswurz, Bocksriemenzunge, Menschenähnlicher Ohnsporn, Honigorchis, Mücken- und Wohlriechende Händelwurz. Knabenkraut-Orchideen sind vertreten mit Rosa Kugel-Knabenkraut, einem Relikt aus der letzten Eiszeit, Kleinem Knabenkraut, Affen-, Helm-, Purpur- und Brand-Knabenkraut. Alle sind extravagante Blütenpflanzen.

Im Mai zeichnen rosarote Kerzen vom Helm-Knabenkraut mit gelbem Wundklee, echten Badenken, roten Katzenpfötchen und blauen Kugelblumen einen bunten Blütenflor in die Magerrasen. *Orchis militaris,* der lateinische Name des Helm-Knabenkrauts deutet Martialisches an. Große Pflanzen können bis zu 60 Einzelblüten tragen. Diese haben ihre inneren und äußeren Blütenhüllblätter zu dem namengebenden, charakteristischen Helm geformt. Seine Farbe ist außen fast weiß, innen dunkelrosa. Mit Fantasie kann man in jeder Einzelblüte mit ihrer tief dreigeteilten ro-

Ein Dickkopffalter saugt an der Pyramiden-Hundswurz. Rechts: Violette Mücken-Händelwurz und Zweiblättrige Waldhyazinthe

ten Lippe eine komische Spaßfigur deuten. Die schwach nach oben gebogenen dünnen Seitenlappen sind die Ärmchen von kleinen Clowns, deren kurze Beine in Pluderhosen stecken. Oder sind es behelmte, lustige Soldaten?

Sehr kleine, stecknadelkopfgroße und schwarzbraun gefärbte Blütenknospen zeichnen das zierliche Brand-Knabenkraut aus. Der walzenförmige Blütenstand wirkt mit seiner geschwärzten Spitze wie angesengt. Deshalb wird die Orchidee auch als Angebranntes Knabenkraut bezeichnet. Die Rispe erblüht von unten her und öffnet bezaubernde Blütenwinzlinge, deren weiße Lippen mit kleinen Purpurflecken besprenkelt sind. Ihr starker Duft lockt bunte Falter an. Von der Bestäubung bis zur blühfähigen Pflanze braucht das Brandknabenkraut die längste Entwicklungszeit unter heimischen Orchideen. Zwanzig Jahre dauert es von der Keimung bis zur Blüte. Die ersten vierzehn Jahre davon schlummert das Samenkörnchen bei seinem Wirtspilz im Boden.

Als hätte dieses Trio des Brand-Knabenkrauts die Köpfe verbrannt.

Wacholderheiden

Europäisches Tafelsilber

Offene Wacholderheiden mit ihrer charakteristischen Tier- und Pflanzenwelt der Trocken- und Kalkmagerrasen sind Paradebiotope der Schwäbischen Alb. Sie sind kulturhistorische Zeugen einer einstmals weitverbreiteten Weidewirtschaft durch Wanderschäferei. EU-weit sind sie stark gefährdet. Eines von fünf deutschen Hauptvorkommen birgt die Schwäbische Alb. Das Schutzgebietssystem NATURA 2000 der Europäischen Union, das dem Erhalt der biologischen Vielfalt dient, verpflichtet unser Land zum strengen Schutz dieser rar gewordenen Lebensraumtypen. Etwa 50 zum Teil seltene Pflanzen- und bis zu 1000 Tierarten können auf je 25 Quadratmeter vorkommen. Für den Arten- und Biotopschutz sind sie deshalb unersetzlich.

■ **Ein dicker Haarpelz ist ein guter Frostschutz für Frühblüher wie die Küchenschellen. Oben: Silberdisteln sind Wetterdisteln und öffnen ihre Blüten nur bei Sonne.**

Im europäischen Vergleich hat Baden-Württemberg die wertvollsten und ausgeprägtesten Wacholderheiden überhaupt. Doch auch hier sind seit 1900 bis in die 1960er-Jahre hinein etwa die Hälfte aller Wacholderheiden durch Aufforstung, natürliches Zuwachsen und Verbuschen durch Nichtbeweidung und landwirtschaftliche Intensivierung verschwunden. Im Zeitraum von 1960 bis 1990 beschleunigte sich der Verlust durch den Rückgang der Wanderschäferei: Ein weiteres Drittel war abgängig. Vergleichsweise klein und isoliert sind die heutigen Restvorkommen in der vom Menschen und seiner mechanisierten Forst- und Landwirtschaft beanspruchten Fläche. Derzeit umfassen sie nur noch rund 25 000 Hektar.

Der europäische Spitzenplatz verpflichtet zu Schutz, Pflege und Bewahrung eines unvorstellbaren Reichtums mit einem auch wirtschaftlich nicht hoch genug einzuschätzenden Gen-Reservoir. Der Fremdenverkehr wirbt mit der reizvollen Bilderbuchlandschaft Wacholderheide sehr erfolgreich. Kaum ein Prospekt ohne die großformatige Abbildung dieser Augenweide und landschaftlichen Idylle, mag sie in Wirklichkeit auch noch so kleinräumig sein. Die Silberdistel ist Symbolpflanze für dieses Tafelsilber. Der Landschaftsschmuck wird veredelt durch die kleinere, aber nicht weniger hochkarätige Golddistel. Enziane, Karthäuser-Nelken, Disteln, Küchenschellen,

Orchideen und sehr viele weitere bedrohte Pflanzen- und Tierarten bereichern die außergewöhnlich ästhetischen Landschaftselemente. Im Biotopverbund sind Wacholderheiden Erholungsräume, Rückzugsgebiete und Rettungsinseln. Für zahlreiche gefährdete Pflanzen und Tiere der inzwischen fast verschwundenen farbenprächtigen und artenreichen Magerrasen und Mähder sind sie zum Ersatzbiotop geworden.

Herbstlich rot gefärbte Gemeine Berberitze

Artenvielfalt durch Raubbau

Die Entstehung von Heiden und Kalkmagerrasen reicht bis ins späte Mittelalter zurück, als Wälder zugunsten von Weideland gerodet wurden. Von Natur aus benachteiligte Flächen wurden durch Hüteschafhaltung genutzt. Vornehmlich waren dies Grenzertragsstandorte wie steile Hänge und Böschungen sowie steinige Kuppen, die aufgrund ihrer Nährstoffarmut für Ackerbau nicht lohnten. Diese von Natur aus schon mageren Standorte sind durch jahrhundertelange Beweidung weiter ausgemagert. Als es zu Zeiten historischer Landnutzung an Dünger mangelte, wurden Flächen fern der Höfe ebenso wie Wälder intensiv als Futter- und Nährstoffressource genutzt. Was die Tiere im Magen mitnahmen und nach der Verdauung auf die Pferchäcker fallen ließen, war wertvoller und begehrter Naturdünger, der später durch Kunstdünger überflüssig wurde. Die Folge dieses, über lange Zeiträume betriebenen Raubbaues durch tierischen Nährstoffaustrag, war extreme Nährstoffarmut auf Wacholderheiden.

Ihre spezielle Artenzusammensetzung und der gesamte Pflanzenbewuchs wird durch die, von der Beweidung ausgehende,

Wacholderheiden sind auch im schlichten Winterkleid der Alb Blickfänger.

Schafbeweidung hält Wacholderheiden offen.

einseitige Auslese geprägt. Halten können sich auf Schafweiden nur stachelige, giftige, trittfeste, scharfe oder bittere Pflanzen, dazu Arten, die sich mit ihren Blättern dicht am Boden anschmiegen. Als Feinschmecker verschmähen Schafe bitter und scharf schmeckende Arten wie Enziane und Thymian. Wolfsmilch, Küchenschellen oder Stinkende Nieswurz enthalten unappetitliche Giftstoffe. Silberdistel, Rosensträucher, Kreuzdorn oder Schlehenbüsche wehren sich gegen Verbiss mit Stacheln oder Dornen. Konkurrenzschwache Pflänzchen können sich nur halten, weil raschwüchsige stärker dem Fraßdruck der Schafe ausgesetzt sind. Flache Rosetten schützen vor dem Verbiss, Behaarung vor übermäßiger Verdunstung.

An schütter bewachsenen Stellen, wo Sonnenstrahlen und Wärme bis auf den Boden durchdringen, siedeln sich Wildbienen, Spinnen, Käfer, Heuschrecken, Ameisen und Schnecken an, die auf diese Lebensbedingungen spezialisiert sind. Wanzen, Heuschrecken und andere Krabbeltiere besteigen Schafe. So gelangen sie durch Schaftrieb über größere Distanzen zu anderen Flächen, was den Gen-Austausch begünstigt. Durch unfreiwilligen Samentransport zwischen den Klauen, im Kot oder Fell der Vierbeiner stellt sich auf verschiedenen Standorten eine recht ähnliche Flora ein. Auch Vögel wie die Wacholderdrossel tragen zur Verbreitung des Wacholders an geeigneten Standorten bei.

Sagenhafter Wacholder

Von fern macht es den Eindruck, als hätten Modellbauer eine Miniaturlandschaft geschaffen. Ausladende Strauch- und kegelförmige Säulenwacholder prägen die kargen Heiden und verleihen ihnen einen herben Charme. Blaugrüne Wacholderbüsche, blökende Schafherden und ihre Hirten, gehorsame Hütehunde, weit ausladende, majestätische Hutebuchen und ein munteres Insektenheer im bunten Blütenmeer sind seit Jahrhunderten ein eingespieltes Ensemble.

Der Gewöhnliche Wacholder, *Juniperus communis,* ist ein Zypressengewächs und Namensgeber dieser Kleinode. Wegen stechender Nadeln als typisches »Weideunkraut« von Schafen verschmäht, sind die Büsche locker in die Heideflächen eingestreut. Der sagenhafte Strauch gehörte einst neben Holunder und Hasel im Volksglauben und Brauchtum zu den wichtigsten Gehölzen. Er galt als heilig und durfte nicht geschlagen werden. Mystische Geschichten und dunkle Geheimnisse wurden dem immergrünen Wacholderbusch unterstellt. Die Germanen sollen ihn wegen der ihm innewohnenden Kräfte verehrt haben. Um Dorfhexen zu entlarven, stieg man während der Weihnachts-

Strauchwacholder im Altweibersommer: Spinnennetze und Tautropfen

messe auf einen Wacholderholz-Schemel. Seine Zweige sollten angeblich den Teufel vertreiben, Krankheiten verhindern oder die Fruchtbarkeit von Tieren fördern, Rauch von glostenden Wacholderspänen Seuchen wie die Pest abwehren. Jungburschen steckten sich als sichtbares Zeichen, dass sie auf Freiersfüßen wandelten, ein Zweiglein an den Hut. Ätherisches Wacholderöl rieb man ein und setzte es Rheumabädern zu.

In alten Kräuterbüchern wird auf die verdauungsfördernde Wirkung seiner ab dem zweiten Jahr reifenden Beerenzapfen geschworen. Aus der Volksheilkunde ist bekannt, dass die reifen, blauen Beeren in niedriger Dosierung sowohl bei Sodbrennen, Blähungen und Völlegefühl helfen als auch als Appetitanreger und der Blutreinigung dienen. Wacholderbeeren sind nach wie vor geschätzt als Bestandteil von Nieren- und Blasentee und als Mittel gegen Rheuma und Gicht. Ebenso in der Küche, wo sie Sauerkraut, Sauerbraten, Rauchfleisch und andere deftige schwäbische Delikatessen, die schwer im Magen liegen können, veredeln. Wacholderbeeren lassen sich wegen ihres hohen Zuckergehaltes vergären. Albwacholder ist wieder gefragt: Seine Beeren enthalten ätherisches, würziges Öl und ergeben ein bukettreiches Destillat, das von Kennern als Schwäbischer Gin gelobt wird. Sein langsam gewachsenes, fein gemasertes Holz wird zu formschönen Produkten gedrechselt.

Obwohl von Schaf- und Ziegenverbiss verschont, kann dem lichtbedürftigen Heidewacholder der Garaus gemacht werden. Wird die Beweidung gänzlich aufgegeben, siedeln sich im Laufe der Zeit Gehölze an und schließen die offenen Heideflächen. Prompt folgt das Aus für licht- und wärmeliebende Pflanzen und Tiere, die nicht in die intensiv genutzte Agrarlandschaft ausweichen können. Schneller wachsende Laubgehölze oder auch Kiefern bedrängen schließlich den immergrünen Wacholder, der wegen Lichtmangel abstirbt. Dabei wird doch sein althochdeutscher Name »Wehhal« mit Lebensbaum übersetzt.

Wacholderbeeren für Wanzen und zum Sauerkraut. Links: Zierliche Orchidee: Herbst-Drehwurz oder Wendelähre
Folgende Doppelseite: Im Großen Lautertal – durch Gehölzverbiss halten Ziegen die Verbuschung auf.

Brutöfen und Kältefallen

Zwischen den Wacholderbüschen der einen oder anderen Wacholderheide tun sich überraschend tiefe Fallgruben auf. Es sind keine Dolinen, Bombenkrater oder Granattrichter, sondern vom Menschen ausgebeutete Sandlöcher. Flurnamen wie Sandhau, Sandgruben, Käferloch, Sandbuckel oder Sandbühl zeugen vom historischen Broterwerb der Sandgräber. Den verdanken sie geologischen Besonderheiten des Juragebirges, verwittertem Dolomit. In harter, schweißtreibender Arbeit mit Pickel und Schaufel entlang höffiger Gänge und Adern schürften sie geeignete Dolomitsandlager aus. So entstanden im dolomitischen Kalkgestein bizarre Löcher in der Erde. Je nach Ergiebigkeit der unregelmäßig eingelagerten Dolomitsande blieben gewundene, schmale Gräben oder gähnende Schächte zurück. Manche mussten über zehn Meter tief vorgetrieben werden und erwiesen sich oft nicht als die erhofften Goldgruben. Meist endeten sie unvermittelt und abrupt an hartem, nicht abbauwürdigen, dolomitlosen Kalkgestein.

Ergiebige Dolomit-Sandlager wurden einst metertief ausgeschürft.

Die Sandgräber zogen ihre Ausbeute mit dem Garbenaufzugslotter aus engen Spalten nach oben. Der Verkauf als Bausand, welchem noch Schwarzkalk zum Mauern und Verputzen zugeschlagen wurde, konnte mit Müh und Not ihre Familien ernähren. Mit feinkörnigem Stubensand wurden in den Bauernstuben die Holzfußböden und Tischplatten gescheuert. Als das Handwerk der Sandgräber um 1960 erlosch, wurden unzählige ihrer Sandlöcher als Kadavergruben benutzt oder mit Müll zugeschüttet. Davon verschonte Löcher inmitten der Magerrasen sind ein Glücksfall für unsere Artenvielfalt.

Allmählich hat sich, den Sandgräbern unmittelbar folgend, spontan eine spezielle, seltene Fauna und Flora auf diesen Rettungsinseln angesiedelt. Die Umgebung der Schürfstellen ist durch Nährstoffarmut und schütteren Bewuchs geprägt. In der Erde schattig, feucht und kühl, ist es oben licht, trocken und warm: Dolomitsandlöcher sind, aufgrund ihrer mageren, flachgründigen Bodenverhältnisse und ihres zur Umgebung hin unterschiedlichen Kleinklimas, Sonderstandorte. Senkrecht in den Boden tauchende Felswände speichern Wärme. Tiefe Schächte wirken wie Kältefallen. Darin kondensiert die Feuchtigkeit. Sie ermöglicht Vertretern der Felsspaltengesellschaften, inmitten der kargen und trockenen Heiden tief im Boden zu überleben. Sonst nur in dunklen, feuchten Schluchten vorkommende feuchtigkeitsliebende Farne wie Lanzenschildfarn, Blasenfarn und Grünstieliger Streifenfarn konnten sich dank der Grabungslöcher in die trockene Umgebung der Wacholderheiden vorwagen.

Um die sandigen Störstellen herum und an bloßgestellten Kalkwänden siedelten sich im Laufe der Zeit wärmebedürftige Tiere an: Zaun- und Bergeidechsen, Blindschleichen, Feld- und Berg-Sandlaufkäfer, Kleine Heidegrashüpfer, Feld- und Grabwespen.

Zauneidechsen graben ihre Gänge in kleine Sandadern. Frischer, noch gelber

Bergsteinkraut am warmen Schürfgrubenrand.
Links: Im gähnenden Sandloch wächst Ruprechtsfarn.

Feld-Sandlaufkäferpaar und männliche Zauneidechse vor einem Sandloch

Sandauswurf türmt sich zu Häufchen, die sich in der Sonne aufheizen. In solche Brutöfen legen die Weibchen der Eidechsen ihre Eier und lassen sie durch Sonnenwärme ausbrüten. Offene Bodenstellen, lückige Vegetation, senkrechte und waagrechte warme Felsflächen ermöglichen müheloses Fortbewegen und Sonnenbäder für wechselwarme Reptilien. Auch räuberische braune Berg- und grün schillernde Feld-Sandlaufkäfer müssen Wärme tanken, um mobil zu werden. Sie legen sich auf die Lauer und flitzen über die Erde, um landende Insekten, vorbeikriechende Raupen, entlanghastende Ameisen und Spinnen zu überrumpeln und mit ihren dolchartigen, scharfen Kieferklauen zu packen. Lange Beine verleihen diesen Laufkäfern hohe Geschwindigkeit und halten ihren Körper in luftiger Distanz zum heißen Boden. Sie legen ihre Eier in den lockeren Sandboden und bauen sich darin ebenso wie ihre Larven Wohn- und Schutzröhren.

Katzenpfötchen und Mondrauten

Christi Himmelfahrt. Der im Neuen Testament berichteten leiblichen Himmelfahrt des auferstandenen Jesu wird am gleichnamigen kirchlichen Feiertag gedacht. Das Fest wird seit dem 4. Jahrhundert am vierzigsten Tag nach Ostern gefeiert. Just um diese Zeit blüht das im Volksmund auch als »Himmelfahrtsblümchen« bezeichnete Katzenpfötchen. Es bildet Grundblattrosetten und ist ein Magerkeits- und Versauerungsanzeiger des Bodens. Wegen der weiß-filzigen Blattbehaarung wird das Katzenpfötchen auch als kleine Schwester des Edelweiß bezeichnet. Die Blütenstände erinnern in ihrer Anordnung und Samtartigkeit an Katzenpfoten. Früher wurden sie am Himmelfahrtsmorgen gesammelt, getrocknet und zu Kränzlein geflochten. Ans Stubenfenster gehängt, sollten sie vor Blitzschlag schützen. Auch als Heilkraut gegen Bronchitis und bei Gallenproblemen wurden Katzenpfötchen einst verwendet.

Im Schutz eines Wacholderstrauchs am Rand eines Sandloches wächst eine unscheinbare botanische Kostbarkeit: ein klei-

Streng geschützte botanische Kostbarkeit: Heideröschen oder Reckhölderle

Katzenpfötchen-Blüten. Gegenüberliegende Seite: Aus dem Herz des Großen Zweiblattes schiebt sich die Blütenrispe.

ner Farn, lediglich bestehend aus einem Blatt und einem Sporenträger. An der Echten Mondraute kann man den Bauplan von Urpflanzen vor Jahrmillionen studieren. Zwei ungleiche Blattwedel bilden den oberirdischen Teil des zierlichen Pflänzchens. Am Stiel zweigt ein sporenloses Blatt ab. Darüber hinaus entrollt sich eine längliche, traubenartige Rispe. Auf diesem sporentragenden Blatt, dem Sporophyll, drängen sich winzige, kugelige Sporenbehälter. Jedes dieser Gefäße kann aus einer schlitzförmigen Öffnung mehrere tausend Sporen freigeben. Der unfruchtbare, olivgrüne Wedel, das Tropophyll, besteht aus halbmondförmigen Fiederblättchen. Die Echte Mondraute ist mit einem raffinierten Vertrocknungsschutz ausgestattet. Auf zu starke Sonneneinstrahlung reagiert sie wie ein Kompass durch Verdrehen ihrer Blattflächen. Nur noch die Schmalkanten schauen zur Sonne und reduzieren die Transpiration.

Wiesen

Im schönsten Wiesengrunde

Das sentimentale Volkslied wird zwar aktuell noch gesungen, doch ist die nostalgische Wiesenromantik weitgehend abhandengekommen. Mannigfaltige, bunte Wiesen sind seither überdüngten, weitgehend monotonen Grasäckern zur Intensivproduktion von kräuterlosem Einheitsfutter oder Biomasse zur Energieerzeugung gewichen. Artenreiche Mähwiesen gehören inzwischen zu den meistbedrohten Lebensräumen in Europa. Die Europäische Kommission nahm deshalb europaweit selten gewordene Wiesentypen wie extensives Feuchtgrünland, feuchte Hochstaudenfluren entlang von Gewässern oder Waldrändern, magere Flachland-Mähwiesen und Berg-Mähwiesen, wie sie speziell auf der Schwäbischen Alb vorkommen, in ihr verbindliches Schutzsystem NATURA 2000 auf.

Wiesenlebensräume sind nach und nach durch Menschenhand entstanden, als sich vor 7000 Jahren jungsteinzeitliche Bauern ansiedelten. Seither ging die Naturlandschaft durch Nutzung in eine Kulturlandschaft mit Äckern, Wiesen und Weiden über. Wiese ist jedoch nicht gleich Wiese. Infolge von Beweidung oder Mahd blieben Grünlandflächen weitgehend gehölzfrei. Auf flachgründigen Wiesen in Höhenlagen duldeten Albbauern einst stellenweise aufkommende Nadel- und Laubgehölze. Ihre Stämme wurden zur Deckung des Eigenbedarfs an Brenn- oder Bauholz geschlagen. Inselartig in die einstigen Mähder eingestreute Feldgehölze, Einzelbäume und kleine Baumgruppen verliehen solchen Holzwiesen den parkartigen Charme englischer Gärten. Durch Gehölzrodungen, verstärkte Düngung, mehrmalige Mahd oder Koppelhaltung von Weidevieh verschwanden viele reizvolle Holzwiesen mitsamt ihrer speziellen Tier- und Pflanzenarten. In den letzten zwanzig Jahren schrumpfte die Wirtschaftswiesenfläche auf der Alb um etwa ein Fünftel. Umbrüche für Maisäcker zur Biomassegewinnung, Aufforstungen, Freizeiteinrichtungen, Siedlungen und Straßen fressen gierig Grünland. Derzeit gerät Öd- und Brachland im Zusammenhang mit Biogaserzeugung verstärkt in den Fokus von Intensivnutzern. In noch höherem Tempo ging der Anteil artenreicher Wiesentypen zurück. Auf der Albhochfläche wurden in den 1940er-Jahren Sümpfe, Nass- und Feuchtwiesen in Karstwannen systematisch mit Tonrohren entwässert und

unter den Pflug genommen. Es galt damals, das Dritte Reich für unsinnige Kriege autark zu machen.

Zur Landgewinnung wurden selbst liebliche Albflüsschen und -bächlein begradigt. Während sie vorher, durch viele Mäander gebremst, träge dahinflossen, schossen sie fortan zu Tal, senkten Grundwasser ab und legten feuchte Talwiesen trocken. Traditionelle Wässerwiesen mit einem ausgeklügelten System von Wassergräben gibt es in den Bachtälern der Alb nicht mehr. Mancherorts sind historische Fallenstöcke und Bewässerungsbauwerke als Kulturdenkmale erhalten. Heute im Grünland vorherrschende, intensiv genutzte und gedüngte, artenarme Wirtschaftswiesen unterscheiden sich gravierend von artenreichen und bunt blühenden Wiesentypen, die seit Jahrhunderten nur extensiv genutzt wurden. Je nach Höhenlage, Nutzungsart und -intensität einer Wiese setzen sich Pflanzengesellschaften und Tierarten anders zusammen. Auch die Zahl der Arten differiert. Beispielsweise steht einer artenreich ausgeprägten Flachland-Mähwiese mit 70 verschiedenen Blütenpflanzenarten eine Intensivwiese mit nur 15 Arten gegenüber.

Holzwiesen wurden einst doppelt genutzt: zur Heu- und Holzgewinnung

Insektentanz im Sternenglanz

Wundersam überspannt die Milchstraße als zart schimmerndes Band den Nachthimmel. Zur Freude der Menschen ist die Galaxie mit unzähligen leuchtenden Sternen geschmückt. Nach heutigem Kenntnisstand ist Mutter Erde der einzige Wandelstern in unserem Sonnensystem, auf dem Bedingungen herrschen, welche die Entwicklung von Leben ermöglichten. Unser Platz auf dem um die Sonne kreisenden Planeten Erde scheint im unendlichen Universum mit vielen anderen Galaxien paradiesisch zu sein. Dies sollte man beim Umgang mit der Natur nicht vergessen – und eine Welt ohne Blumen wäre wie ein Himmel ohne Sterne. Astronomen bleibt das seltene Glück vorbehalten, die Geburt neuer Sterne, Lichtjahre entfernt, mit Riesenteleskopen zu entdecken und zu beobachten. Auf einer irdischen Blumenwiese dagegen kann man jedes Jahr die Geburt tausender funkelnder Sterne aus nächster Nähe miterleben. Bunte Blumenwiesen gereichen dem Kosmos, der einem Künstler gleich Sternbilder und funkelnde Kulissen an den Nachthimmel malt, zur Ehre.

Gelbe Wiesenbocksbärte, weiße Margeriten, dottergelbe Arnika, Rote Lichtnelken, goldgelbe Trollblumen, blaue Wiesen-Storchschnäbel oder violette Wiesen-Glockenblumen sind solche Wiesensterne und machen Insekten mit ihren farbenprächtigen Blüten auf sich aufmerksam. Formen, Düfte, Pollen, Nektar und eine Palette von Farbmischungen verführen Blütengäste zur Bestäubung. Viele Insekten wie beispielsweise Honigbienen sind rotblind und erkennen rein rotfarbene Blüten nicht. Raffiniert haben sich Pflanzen deshalb auf das spezielle Farbsehvermögen von Schmetterlingen und einer Reihe anderer Insekten wie Hummeln, Wildbienen und Schwebfliegen im ultravioletten Bereich eingestellt. Bei den Storchschnabelarten wird dazu Rot mit Blau kombiniert. Weiße Blüten der Margeriten filtern UV-Licht heraus und locken mit für Insekten sichtbarem Blaugrün. Schlüs-

Blütenadern der Wiesen-Glockenblume sind Insekten-Leitstrahlen. Rechts: Arnika, eine alte Heilpflanze

selblumen oder Vergissmeinnicht haben farblich von den Grundfarben der Blütenblätter abweichende Markierungen, welche zielsicher den Weg zur Nektar-Bar im Kelch weisen. Mit Hilfe solch optischer Navigationshilfen finden unter anderem Schlüsselblumen-Würfelfalter ihre Saugpflanzen Gänseblümchen, Margeriten und Wiesen-Schlüsselblume. Viele dieser Saftmale sind in normalem Licht nicht sichtbare UV-Licht-Reflektoren, welche wie Leitstrahlen auf die Nektardrüsen zulaufen.

Gespenstisches geschieht im Sommer mit Einbruch der Abenddämmerung. Aus den Wiesen tauchen urplötzlich große Geistermotten auf und vollführen im Pendelflug einen seltsamen Paarungstanz. Die Männchen dieser Nachtfalter versuchen damit, die Aufmerksamkeit weiblicher Geistermotten zu gewinnen. Zusätzlich wird aus Duftorganen an den Beinen Lockduft verströmt. Der wogende Paarungstanz dauert nicht lange. Wird er nicht jäh durch eine hungrige Fledermaus unterbrochen, ist der ganze Spuk spätestens nach einer halben Stunde wie von Geisterhand beendet. Vermutlich werden Zeit und Dauer des Mottentanzes durch die Lichtintensität gesteuert.

Das Strahlen bunter Blütensterne in einer reich blühenden Wiese, über der sich bei Tag ein blaues Firmament wölbt, Schäfchenwölkchen ziehen und Insekten tanzen, kann genau so verzücken wie der geheimnisvolle Sternenglanz dunkler Nächte. Blumen sind die Sterne der Erde. Beide wecken die Neugier, verführen zum Träumen und beflügeln die Fantasie. Die letzten bunten Pflanzen der Blumenwiesen verführen die Sinne. Ihr Blumenreigen bereichert unseren Tag mit beschwingter Fröhlichkeit, Freude und berauschendem Duft. Wie farblos wären das Landschaftsbild und unser Leben ohne sie?

Geistermotte oder Großer Hopfen-Wurzelbohrer. Links: Wiesen-Storchschnabel: Weibchen des Storchschnabel-Bläulings bei der Eiablage

Wiesen-Salbei ist Augen- und Insektenweide.

Blumen sind die Sterne der Erde

»Weißt du, wie viel Sternlein stehen ...?«, fragte Wilhelm Hey in seinem nachdenklich machenden Text zur melancholischen Volksweise. Wie viel Himmelskörper und wie viel Blütensterne mögen es wohl sein? »Gott, der Herr, hat sie gezählet, dass ihm auch nicht eines fehlet an der ganzen großen Zahl.« Menschen fangen erst zu zählen an, wenn die Blumenpracht vor der Ausrottung steht. Sie haben sträflich dazu beigetragen, dass inzwischen massenhaft Blumenarten und Blütensterne der Erde verglüht sind, dass Tristesse eingekehrt und dadurch auch ihr Leben eintönig geworden ist.

Wiesen-Experten schätzen, dass die schönsten Blumenwiesen, wie Salbei-Glatthafer-Wiesen und Goldhafer-Bergwiesen, seit Beginn des 20. Jahrhunderts bis heute ungeheure Flächenverluste von jeweils mehr als 90 Prozent erlitten. Der Rückgang bei den Einmähdern ist noch dramatischer: Bereits vor 60 Jahren betrug ihr Anteil an den gesamten Wiesen nur noch ein Zehntel. 150 Jahre zuvor hatten Mähder mit zwei Drittel noch den Hauptanteil. Dieser historische Schwund verdeutlicht den verheerenden Rückgang der Artenvielfalt, die Verinselung von Biotopen und die Verarmung des Landschaftsbildes. Zurück bleiben eintönige, leblose und gästefeindliche Landschaften.

Von hohem Erlebniswert sind dagegen traditionell bewirtschaftete Blumenwiesen. Sie sind einzigartiges Natur- und Kulturerbe. Ihr Erscheinungsbild bezaubert im Verlauf des Jahres durch Frühjahrs-, Sommer- und Herbstblüher mit jeweils anderen Arten und saisonal charakteristischen Farbwechseln. Diese artenreichen Pflanzengemeinschaften mit hohem Kräuteranteil dürfen einen vollständigen Jahreszyklus von der Blüte bis zur Aussamung und Vermehrung durchlaufen. Sie sind stufig aus niedrigen Kräutern, aufragenden Halmen oder Rispen und Dolden aufgebaut und unterschiedlich dicht gewachsen. Solch eine variable Vegetationsdecke bewirkt kleinklimatische Unterschiede und hält ein vielfältiges Angebot an Verstecken und Nahrung für Falter, Bienen und Kleintiere bereit.

Traditionell wurden Heu- und Öhmdwiesen erstmals um Johanni, dem 24. Juni, herum für die Heuernte mit der Sense gemäht. Öhmd wurde Ende August, Anfang September gemacht. Heute wird bereits ab Mai innerhalb weniger Tage gemäht, die Fläche bis auf die Grasnarbe abrasiert und mit Jauche geduscht. Weil alle Landwirte wegen Grasreife und günstigem Wetter zum selben Zeitpunkt invasionsartig mähen, steht das gesamte Grünland auf weiter Flur schlagartig kahl. Bis auf den letzten Halm zu Ballen gepresst oder siliert, sind die Folgen für Wiesenflora und -fauna verheerend. Auf solch intensiv genutzten Flächen kommen Wiesenblumen kaum noch zur Samenbildung. Bis zum Herbst machen noch dreimal schnell rotierende Mähwerke jeden Ameisenhaufen, jedes Gelege platt und verletzen oder zerstückeln sämtliche Insekten. Doch es gibt auch Hoffnungsschimmer: Im Landkreis Reutlingen, der mit noch 40 Prozent artenreicher Wiesen einen bundesweiten Spitzenplatz einnimmt, hat sich die Initiative Blumenwiesen-Alb gegründet. Ihr Ziel ist es, durch kreative Vermarktungsideen wie Aromaheu, Heubäder und vieles mehr Wertschöpfung und Einkommen von Landwirten zu verbessern, die wiederum durch extensive Bewirtschaftung zum Erhalt blumenreicher Albwiesen beitragen. Mit den wenigen verbliebenen Salbei-Glatthafer-, Berg-Mähwiesen und Mähdern dürfen wir die kümmerlichen Reste alter Nutzungsformen bestaunen. Dabei ist ihr Arteninventar auch Grundlage menschlichen Lebens.

Lauern auf Beute: Krabben-Spinne auf einer Wiesen-Glockenblumenblüte

Wiese ist nicht gleich Wiese

Je nach Höhenlage, Klimaraum, Säure- oder Wassergehalt des Bodens entstanden verschiedene Wiesentypen mit charakteristischen Leitpflanzen. Ihre jeweilige Pflanzengesellschaft spiegelt die Standortverhältnisse wieder. Was auf Feuchtwiesen gedeiht, hat auf Trockenrasen keine Chance. In Kaltluftsenken und Lagen der hohen Schwabenalb mit Höhen über 1000 Metern muss die Vegetation robuster sein als in niedrigen Tälern. Auf nährstoffreichen Nasswiesen dominieren Sumpfdotterblumen, Bachkratzdisteln oder Kohldisteln. Scharfer Hahnenfuß, Kuckucks-Lichtnelken, Wiesenknöterich, Bach-Nelkenwurz und Sumpf-Baldrian werden überragt von stattlicher Wald-Engelwurz. Ihre mächtigen Dolden sind ein beliebter und viel besuchter Treffpunkt von Ulmen-Zipfelfalter, Landkärtchen, Admiral, Kleinem Eisvogel, Bockkäfern und Schwebfliegen.

Die meisten Nasswiesen wurden trockengelegt. Den verbliebenen droht Sukzession wegen ausbleibender Mahd. Im Übergangsstadium der Brache wächst eine Hochstaudenflur mit Blut-Weiderich, Mädesüß, Gewöhnlichem Gilbweiderich, Sumpf-Storchschnabel, Arznei-Baldrian und Blauer Himmelsleiter. Regelmäßig gedüngte und zweimal gemähte Fett- oder Öhmdwiesentypen gibt es im flacheren Tiefland und im bergigen Hochland. Sie werden nach den Hauptgräsern Glatthafer und Goldhafer klassifiziert.

Experten unterscheiden zudem Subtypen nach ihren Standorten in warmen oder Kaltluft sammelnden Mulden- und kalten Hochlagen. Wiesen-Flockenblumen, Wiesen-Schaumkraut, Wiesen-Glockenblumen, Wiesen-Storchschnabel, Wiesen-Pippau, Acker-Witwenblumen, Margeriten und die Blütensterne der Wiesen-Bocksbärte findet man auf Glatthafer-Talwiesen. Häufigster Blumen-Wiesentyp der Schwäbischen Alb ist die Berg-Glatthaferwiese. Sie ist als Salbei-Glatthafer- oder Margeriten-Wiese in vielfältiger Pracht ein sommerlicher Augenschmaus und Werbeträger. Die

Raritäten der Schwäbischen Alb: links Schachblume und rechts Kugel-Knabenkraut

Schönheit ihrer farbenfrohen Blumen, ihre Blütendüfte und Heuaromen, ihre interessante Tierwelt sowie ihre, je nach Jahreszeit, wechselnden Erscheinungsbilder bieten Naturgenuss für alle Sinne. Wald-Storchschnabel, Rote Lichtnelke, Wiesen-Salbei, Tauben-Skabiose, Großer Klappertopf und Frauenmantel sind typische Vertreter von Berg-Glatthaferwiesen. Die Kleine Trauben-Hyazinthe ist darin aspektbildend und färbt sie im Frühjahr leuchtend blau. Heerscharen von Besuchern pilgerten einst zu dieser Sehenswürdigkeit von mitteleuropäischem Rang. Im Volksmund erhielt das inzwischen geschützte Blümchen liebevolle Namen wie Kaminfegerle, Kohlraisle, Baurabüeble, Krüegle oder Tintenfässle.

Klassische Berg-Mähwiesen der Alb werden vom Gold- oder Grannenhafer, einem ergiebigen Futtergras, geprägt. Sie stehen Salbei-Glatthaferwiesen in ihrem Blüten- und Artenreichtum in nichts nach, den sie der extensiven, traditionellen Mahd und Düngung mit Festmist verdanken. Das Charaktergras wird begleitet von Berg-Flockenblumen, Großem Wiesenknopf und Trollblumen. Arten der Waldsäume wie Ährige Teufelskrallen oder Große Sterndolden treten hinzu.

Im Gegensatz zu den nährstoffreichen Fettwiesen stehen orchideenreiche Berg-Kalkmagerwiesen oder Mähder, welche sich durch ausgesprochene Nährstoffarmut auszeichnen. Schwachwüchsig und von geringem Futterertrag sind auch saure Magerwiesen oder montane Borstgras-Magerrasen auf Lehmen in Karstwannen, Dolinen und Trockentälern niederschlagsreicher Hochflächenlagen um 800 Meter über NN. Aufgrund starker Verkarstung sind ihre Böden tiefgründig entkalkt, mit Feuerstein und Bohnerz angereichert und mehr oder weniger sauer. In kalkreichem Gebiet sind solche Borstgrastriften große Raritäten, die sich durch eine Fülle an seltenen Pflanzen- und Tierarten auszeichnen. Ihre Liste liest sich wie das Who's who der Berühmtheiten in der Prominentenwelt. Im Sinne der europäischen FFH-Richtlinie sind Borstgrasrasen prioritäre Lebensräume, welche strengsten Schutz genießen.

Braune Feuerfalter paaren sich auf einer Wiesen-Flockenblume.

Gib ihnen Saures

Mit dem gelben Farbstoff des Färberginsters wurde früher Leinen und Wolle gefärbt.

Borstgrasrasengesellschaften lieben saure Böden. Ausgerechnet ein zähes und drahtiges Süßgras ist aber namengebend. Seine Ähren stehen zur Blütezeit kammartig ab. Nach der Aussamung fallen sie durch eine borstige, fischgrätenähnliche Anordnung auf. Zur Bürstlings- oder Borstgrasgesellschaft zählen Geöhrtes und Kleines Habichtskraut. Wo Letzteres wächst, ist der Bewuchs niedrig, lückig und lässt Sonneneinstrahlung zu. Dies behagt den seltenen Kleinen Heidegrashüpfern. Das Heidekraut, Hauptcharakterart dieser bodensauren Heiden, hat hübsche Hundsveilchen und Blutwurz als Begleiter. Gesellschaft leisten Schafschwingel, Steifer Augentrost, Färberginster, Nordisches Labkraut, Pfeil- oder

Flügelginster, Gewöhnliches Ferkelkraut und Waldruhrkraut. Der Kleine Ampfer, ein Knöterichgewächs, ist wichtige Raupenfutterpflanze für den Braunen Feuerfalter. Auch das Gemeine Kreuzblümchen mit seinen blasslila Blüten und das gelbblühende Kanten-Hartheu oder Gefleckte Johanniskraut gehören zur Pflanzengesellschaft der Borstgräser, ebenso wie Grüne Hohlzunge, Buschnelke, Arnika oder Bergwohlverleih und Bleiche Weide. Diese Zwergweide gilt als Glazialrelikt der letzten Eiszeit und hat derzeit nur noch drei aktuelle Vorkommen in Baden-Württemberg.

Zwischen Blumen und Gräsern huschen, als Vertreter der Reptilien, flinke Waldeidechsen und verschwinden blitzschnell in selbstgegrabenen Löchern im weichen Boden. Sie haben sich den kühleren und feuchteren Bedingungen angepasst und bringen lebende Junge zur Welt. Eierlegende Zauneidechsen dagegen fehlen. Sie brauchen tro-

Baumpieper starten von Baumspitzen aus zum Singflug.

Lebendgebärender Knöterich mit typischen Brutknospen zur Vermehrung. Vorhergehende Doppelseite: Berghähnlein blühen nur noch an wenigen Stellen im Süden der mittleren und auf der Südwest-Alb.

ckene und wärmere Lebensräume, damit die Sonne ihre Eier ausbrüten kann. Die klimatischen Verhältnisse sorgen also für eine Artenauswahl. Am Boden brüten Baumpieper, Heidelerchen, Braun- und Schwarzkehlchen. Zwischen Kräutern und Gräsern tummeln sich Heuschrecken. Große Warzenbeißer und im Flug schnarrende Gebirgsgrashüpfer sind die Stars. Gemeiner Grashüpfer, Kurzflüglige Beißschrecke, Roesels Beißschrecke und Gefleckte Keulenschrecke gehören zur Begleitschar. Zahlreich gaukeln Tagschmetterlinge von Blüte zu Blüte: Grüner Zipfelfalter, Kleines Wiesenvögelchen, Weißbindiger Mohrenfalter, Großes Ochsenauge und Komma-Dickkopffalter. Der Große Perlmutterfalter ist ein schönes Beispiel für Biozönose, eine enge Lebensgemeinschaft von Pflanzen und Tieren in einem Biotop. Er nutzt Nickende Disteln als Nektarpflanzen und zum Sonnenbad, die zierlichen Hundsveilchen zur Eiablage.

Schwarzer Apollo: Ein Weibchen mit Begattungstasche saugt an einer Witwenblume.

Stehende Gewässer

Hülennass und Hülenspaß

Infolge der Verkarstung der Schwäbischen Alb verlagerten sich Oberflächengewässer allmählich in den Untergrund. Mensch und Tier müssen mit anhaltender Wasserarmut leben. Früher wurde Niederschlagswasser in Zisternen aufgefangen und in Dorfteichen gesammelt, damit Brauch- und Nutzwasser verfügbar war. Auf der kargen Albhochfläche dienten Feldhülen als Tränken für Weidevieh und Zugtiere. Vor allem im Nordosten, im Albuch und auf dem Härtsfeld sind solche Wasserstellen zu finden. Wald- und Flurtümpel entstanden auf natürliche Weise in flachen Mulden, in denen sich Grund-, Schmelz- oder Regenwasser oberflächlich sammelte. Eingeschwemmter Feuersteinlehm dichtete im Laufe der Zeit den porösen Karstuntergrund ab. Oft waren das Dolinentrichter, Geländesenken, manchmal auch Bohnerzgruben, welche allmählich auf natürliche Weise undurchlässig wurden. Im Urach-Kirchheimer Vulkangebiet staut anstehender Vulkantuff, sogenannter Wasserstein, Oberflächenwasser zu Lachen und Tümpeln. Andernorts half der Mensch künstlich nach, indem er in geeignete Kuhlen Lettenschlag als Dichtmasse einstampfte. Vieh konnte beim Weidegang seinen Durst stillen. Uferbereiche waren deshalb flach und zum Waten angelegt. Ständige Nutzung der Feldhülen gebot der Verlandung Einhalt. Die alten Wasserstellen wurden als Hilben, Hülben, Hülmen, Wetten, Lachen, Rösen oder Raisen bezeichnet.

Flurnamen weisen auf traditionelle Nutzungen hin: Mit Wasser aus Kohlwette, Kohlhauhülm und Kohlhülbe löschten Köhler glühende Holzkohle, wenn sie ihre Meiler »ernteten«. Namen wie Kühtränke, Ochsenstelle, Rosstränke, Gänswette, Gänshülbe, Goslach, Gänshülm, Schafshüle, Tränke und Trinkhau-Hülbe sprechen für sich. Schnepfenhülbe, Egelsee, Säulach, Binsenlache,

Feldhülbe auf der Rauhen Wiese bei Heidhöfe auf der Ostalb. Rechts: Gelbe Schwertlilie

Weidenbrünnele, Falchenhülbe – Falchen, gemeint ist dichtes Ried- und Binsengras – oder Farnhülbe stehen für charakteristische Tiere oder Pflanzen an Hülen.

Früher nutzte die Bevölkerung der Albflecken Dorfhülben zu vielfältigen Zwecken: als Viehtränken, Pferdeschwemmen, Gänsegarten, zum Waschen, als Feuerlöschteich, Eisbahn, Eisreservoir oder Planschbecken für Dorfkinder. Gespeist wurden sie vom Regenwasser, das oberflächlich zusammenlief und Schmutzfracht aus diversen Exkrementen und Abrieb vom Kalkschotter der Dorfgassen einschwemmte.

Mit dem Verkauf von Schlamm, welcher beim Reinigen der Dorfhülen anfiel, wurde der schmale Gemeindesäckel aufgebessert. »Hülenschleim« oder »Gassenkot« ließ sich als Mörtel zum Bauen verwenden. Der besseren Haltbarkeit wegen mischte man Kuhdung bei. Der Mensch hatte vom Nestbau der Rauch- und Mehlschwalben gelernt. Gespannführer fuhren mit Pferd und Wagen durch die flachen Furten der Dorfhü-

Der Kaltentalweiher bei Bad Urach wurde künstlich angelegt.

Ästiger Igelkolben. Seine Stachelfrüchte geben ihm den Namen.

len, damit die Holzräder nicht »verlechneten«. Bauersleute stellten Leiterwägelchen und allerlei Gerätschaften mit Holzstiel zum Verschwellen ins Hülenwasser. Am Sonntag ritten Rossbuben mit ihren Pferden in die Schwemme und striegelten anschließend deren Felle. Am Rand der Hüle standen aus Eiche gefertigte Holztröge als Viehtränken. In strengen Wintern froren die Hülen zu. Löcher mussten in die Eisdecke gehackt werden. Aus diesen sogenannten Wonen schöpfte man Brauch- und Putzwasser mit Wasserschapfen in Gölten, die auf sogenannten Wasserschlitten standen. Gastwirte und Metzger der Umgebung kauften von den Gemeinden wagenweise Hüleneis zur Kühlung von Bier, Fleisch und Wurst.

»Kender! Ganget et zor Hüle na, dr Hülama zuit uich mit am Hoaga na.« Trotz Warnungen der Eltern vor dem Hülen- oder Hakenmann, der kleine Kinder in die Hüle zieht, übte das Wasser große Anziehungskraft auf Buben und Mädchen aus. Floßfahren auf zusammengenagelten Brettern, Schwimmen in der trüben Brühe oder Steine über die Wasserfläche flitzen lassen, waren nur einige der Spielformen und Abenteuer, die es zu bestehen galt. Im Winter hatte die Dorfjugend auf den zugefrorenen Wasserflächen beim Schlittschuhlaufen oder Eisschemelfahren ihren Spaß. In genagelten Schuhen schliff man übers Eis. Als Nervenkitzel galt, an Wonen haarscharf vorbeizuflitzen. Mit »Fiedlesrutschern«, Kufenbrettern und Besenstielen, an deren Spitzen Eisen eingeschlagen war, konnte man stehend über das Eis »spiaßa«. Von »Einkommerles«, einem Spiel, bei dem man aus entgegengesetzter Richtung aufeinander zuschliff, sich an den Händen fasste und Pirouetten drehte, wird berichtet. Eine Mutprobe war die »Senkete«, welche bei einsetzendem Tauwetter gespielt wurde. Von Eisschemel zu Eisschemel springend versuchten Kinder, über brüchiges Eis trocken ans andere Hüleufer zu gelangen.

Hülensterben

Das große Sterben der albtypischen Wasserreservoire begann zu Beginn des 20. Jahrhunderts, als Trinkwasser komfortabel aus dem Hahn floss. Bis zu diesem Zeitpunkt schöpften es die Älbler an Tal- und Hangquellen oder aus Brunnenschächten und karrten es in Fässern mühsam über steile Steigen auf die Albhochfläche hinauf. Vom Dach gesammeltes, so genanntes Spatzenschisswasser, soll nicht nur vom Stroh gelblich ausgesehen und widerlich geschmeckt haben. Deshalb erforderte die Versorgung mit Wasser von guter Qualität täglich harte Arbeit.

Hülenwasser war verschmutzt, sommers eine üble Brühe, schal und stinkend. Eine Zumutung für Mensch und Tier. »Für ons täts scho no, aber 's Vieh saufts nemme.« Der sarkastische Ausspruch des Justinger Schultheißen Anton Fischer, der mit viel knitzer Überzeugungsarbeit den Bewohnern seiner Gemeinde und denen von Ingstetten und Hausen eine moderne Albwasserversorgung schmackhaft machte, wird heute noch kolportiert. Hülenwasser war so schlecht, dass man es nicht einmal den Pferden zumutete und Vieh, das aus dem Unterland kam, sich nur allmählich an seinen Geschmack gewöhnte. Wie in der Blaubeurer Oberamtsbeschreibung von 1829 nachzulesen ist, war das einheimische Albvieh wohl von robusterer Natur: »Die Hülen, Hülben, Rösen, welche zum Tränken des Viehes dienen, sind eine Art von kleinen Seen, worin die Flüssigkeit zusammenläuft. Sie haben gemeiniglich ein sehr unreines, stinkendes und eckelhaftes Wasser, und sehen wie

Verlandung am Schmiechener See mit Gelben Schwertlilien, Schilf und Weiden

Weißstörche profitieren vom Amphibienreichtum der Gewässer. Oben: Kleingewässer, zum Beispiel wassergefüllte Wagenspuren, mag die Gelbbauch-Unke.

große Mistlachen aus, weil aller Unrath darein fließt: dessen ungeachtet trinkt das Vieh das Wasser gern und bleibt gesund dabey.«

Schlechte Wasserqualität, gestiegene hygienische Ansprüche und technischer Fortschritt mit Pumpwerken und -leitungen zur Trinkwasserversorgung der Älbler machten damals den Abschied von den Lachen leicht. Die meisten Dorfhülen wurden schließlich als Abfallgruben missbraucht und zugeschüttet. Einst für Mensch und Tier lebenswichtig, ereilte die meisten Feld- und Waldhülben im Laufe der Zeit dasselbe Schicksal. Heute deuten oftmals nur noch Flur- oder Ortsnamen auf frühere Vorkommen hin.

Hülenleben

Hülen und Weiher sind geschichtsträchtig und landschaftsprägend. Mit ihnen gewinnen Dorf- und Landschaftsbilder an Reiz, unzählige Tiere und Pflanzen Lebensräume. Alle noch bestehenden Dorfhülben, Weiher, Tümpel und Feldhülben mit ihren Verlandungsbereichen sind letzte Rückzugsinseln und Refugien. Angesichts des rasant fortschreitenden Artenschwunds erfüllen sie in Feld und Wald wichtige biologische Aufgaben und sind zum Erhalt der Artenvielfalt unverzichtbar.

Den Wasserstand, in den meist zu- und abflusslosen Hülben bestimmen Schneeschmelze und Niederschlagsmengen. Diese stets wechselnden Faktoren beeinflussen im Jahresverlauf und über Jahre hinweg den Anteil der offenen Wasserfläche, die Größe der Schwingrasen, der Sumpfzonen und der feuchten Randbereiche. Damit bietet das kleinflächige Mosaik Lebensräume für zahlreiche Vögel, Amphibien, Wasser- und Fluginsekten, Kleinorganismen und viele gefährdete Land- und Wasserpflanzen.

Im Frühjahr, zu Zeiten des höchsten Wasserstandes der Hülen, erwacht üppiges Leben. Kleinlibellen wie die rotleibige Frühe Adonislibelle, blaue Hufeisen- und Becherazurjungfern schwirren über den Wasserspiegel und die zu diesem Zeitpunkt überschwemmten Bereiche der Verlandungszone. Im Laufe der Sommers gesellen sich Plattbauch- und Vierflecklibellen dazu. Gemeine Binsenjungfer, Pechlibelle und Gemeine Smaragdlibelle folgen. Im Spätsommer jagen Großlibellenarten wie Blaugrüne Mosaikjungfer, Große Königslibelle, Torfmosaikjungfer und Gefleckte Heidelibelle nach kleinen Fliegen und Mücken. Über dem offenen Wasser schlagen sie ihr Paarungsrad. Männchen verharren als Wachtposten über ihrer Partnerin, die an schwimmenden Pflanzen Eier ablegt. Einst waren die fliegenden »Hülenhüter« als Teufelsnadeln und Augenstecher gefürchtet. Zu Unrecht: Libellen können nicht stechen.

Unter Wasser tummeln sich Rückenschwimmer, Wasserskorpione, Ruder- und Schwimmwanzen. Gelbrandkäfer, Furchenschwimmer und eine Schar weiterer Räuber erbeuten Kaulquappen, Libellen- und Molchlarven. Orangebauchige Bergmolche, Faden- und Teichmolche tauchen zum Luftschnappen aus dem trüben Dunkel auf. In Zeiten trockener Jahresabschnitte weicht die Wasserfläche zurück. Auf freigelegten Steinchen und bloßen Stellen im Schlamm landen Bienen und Falter. Am seichten Ufersaum kann man den Pferde- und den Medizinischen Blutegel, die Kleine Schlammschnecke und die Posthornschnecke beobachten.

An Seen, Weihern, Tümpeln und Hülen kann man das Paarungsrad von Hufeisen-Azurjungfern bewundern.

Frühe Adonislibelle, Männchen. Rechts: Kleiner schwimmender Federbausch: Zwergtauchermännchen

Die Oberflächenspannung nützend, tanzen glitzernde Taumelkäfer wilde Wasserreigen. Wasser- und Teichläufer flitzen wie auf Kufen über den See.

Ständige Tümpelbewohner und Pflanzen haben sich auf die Extreme an Lachen und Wetten eingestellt: Sie müssen Frost im Winter, Überschwemmung im Frühjahr und Austrocknung im Sommer gleichermaßen ertragen. Faden- und Strudelwürmer bilden einen Trockenschutzmantel aus Schleim und Schlamm. Im Hülenschlamm lebende Larven der Plattbauchlibelle graben sich tief ein und überstehen so wochenlange Austrocknung. Im Verlauf ihrer zweijährigen Entwicklung sind sie sogar mehrmals gezwungen, diese Überlebenstechnik anzuwenden.

Zu den Dauerbewohnern gesellen sich eine Reihe von Gästen: Stockenten, Bläss- und Teichhühner zum Brüten und zum Froschregen die Graureiher. Durchs Hülbengehölz aus Aspen, Grauerlen, Purpur-, Sal- und Ohrweiden turnen Weidenmeisen. Wasser- und Watvögel wie Waldwasser-, Uferläufer und Bekassine sind Zuggäste im Herbst und Frühjahr. Die Raststätte für Durchzügler wird auf der wasserarmen Alb von der heimischen Vogelwelt als ständige Tränke geschätzt. Gefiederte Gäste halten den Genaustausch und die Besiedlung der Hülen vor allem mit Wasserpflanzen auf natürliche Weise aufrecht. Wasservögel verschleppen im Gefieder Amphibieneier oder Pflanzensamen in ihrem Magen und Darm. Im sauren bis sehr sauren Hülennass entdeckt man deshalb eine Reihe von Wasserpflanzen wie Wasserstern, Schwimmendes Laichkraut, Fieberklee, Wasserschwertlilie, Ästiger Igel-Kolben, Kleiner Wasserschlauch und Krebsschere.

In den Uferbereichen und den Nass- und Sumpfwiesen kämpfen stets die Elemente Land und Wasser miteinander. Im seichten Milieu kontrastieren zierliche gelbe Blüten vom Flammenden Hahnenfuß, himmelblaue Sumpfvergissmeinnicht und Sumpfveilchen in Blasslila. Gräser, Binsen, Seggen, Schilf und Rohrkolben, deren abgestorbene Reste schlecht verrotten und Torf bilden, leiten eine Verwandlung der Elemente ein. Schwimmende Torfmoosdecken, so ge-

Teichhuhn mit Küken an einer Dorfhüle. Oben links: In Wald- und Feldhülen leben Bergmolche – ein Männchen in Balztracht. Oben rechts: Blässhuhn mit Jungtier

Schilf ist Verlandungspionier und befestigt Ufer. Oben: Ein Rosengewächs: das Sumpf-Blutauge. Vorhergehende Doppelseite: Gewöhnliche Krebsschere oder Wasseraloe in einer Bohnerzgrube der Ostalb

nannte Schwingrasen, wachsen vom Ufer her ein und erobern die Wasseroberfläche. Aus Wasser wird allmählich Land. Zur Verlandungsvegetation gehören Schnabel-Seggen, Flatterbinsen, Gewöhnlicher Froschlöffel, Zungen-Hahnenfuß, Seltenheiten wie rosa blühender Wasserknöterich, Froschbiss und mit dem Sumpf-Blutauge ein bezauberndes Juwel aus purpurbraunen Blütensternen. Flutender Schwaden, ein Ausläufer bildendes Gras, stellt sich gern ins Wasser. Die alte Bezeichnung Manna-Schwaden bezieht sich auf den Verzehr seiner stärkehaltigen Früchte bereits seit der Jungsteinzeit.

Verwandlungskünstler und Schreihals

Alle Lurche oder Amphibien sind wechselwarme Wirbeltiere und deshalb nur bei bestimmten Temperaturen bewegungsfähig. Auch ihre Eier und Larven brauchen zur Entwicklung Mindesttemperaturen. Ihnen allen gemeinsam ist der Entwicklungsgang der Metamorphose – jene wundersame Verwandlung vom Wasser- zum Landlebewesen, einhergehend mit einem Gestaltwandel vom Larvenstadium zum erwachsenen, fortpflanzungsfähigen Tier. Ein weiteres typisches Merkmal aller Lurche ist ihre stets feuchte, atmende Haut, die den Körper zusätzlich mit Wasser und Luft versorgt.

Grünfrösche wie Wasser-, Teich- und Seefrosch sitzen gerne am Ufer.

An ihre Lebensräume stellen sie unterschiedliche Ansprüche. Erdkröten, Kreuzkröten, Grasfrösche, selten Wasser- und Teichfrosch, findet man nur an Hülen und Tümpeln, deren Bedingungen ihnen zusagen. Grasfrösche besetzen Hülen in Wiesenarealen, Wasserfrösche bevorzugen tiefe Feldhülben. Der Bergmolch kommt in Waldhülben häufiger vor, der Teichmolch dagegen in freiliegenden Flurhülben. Kammmolche besiedeln gern größere Wasserlöcher.

Als Rarität gilt der Europäische Laubfrosch, früher von Groß und Klein liebevoll als Hülenfröschle bezeichnet. Seines speziellen Verhaltens wegen wurde er früher lebend im Einmachglas zur Wettervorhersage gehalten. War er einst verbreitet und mit seinem ziegenartig meckernden Ruf weit zu hören, ist er inzwischen selten geworden und streng geschützt. Europäische Laubfrösche sind begeisterte Sonnenanbeter und Verwandlungskünstler. Sie steigen am helllichten Tag in größter Sonnenhitze auf Ufergehölze oder Rohrkolben, um sich, worauf ihr Artname hinweist, im Laub zu sonnen. Laubfrösche benutzen ihre langen Beine zum Steigen. Haftscheiben an Fingern und Zehen ermöglichen gewandtes Klettern und sicheren Halt. In Ruhestellung presst der Winzling seinen abgeflachten Körper auf ein Blatt oder einen Stängel. Seine angelegten Beine verschmelzen mit der ovalen Körperkontur. So ist er nur schwer zu entdecken, zumal er seine Färbung der jeweiligen Untergrundfarbe anpassen kann. Im Volksmund wurde der Europäische Laubfrosch als Laubkleber, Wetter-, Hecken- oder Baumfrosch bezeichnet. Er ist mit etwa vier Zentimeter Größe unser kleinster Frosch, aber bei weitem der lauteste.

Seine Lederhaut ist ein Wunderwerk. Über 100 Drüsen pro Quadratmillimeter produzieren auf seiner Rückenhaut einen Schleim, der Pilze und Bakterien abtötet. Bei stundenlangen Sonnenbädern in der prallen Sonne verschließt er die Poren, um nicht auszutrocknen. Im Winterversteck atmet der Laubfrosch durch die Haut. Er kann seine Hautfarbe verändern und nutzt sie als Tarnkleid in unterschiedlichen Grün-Abstufungen. Wechselnde Laichbiotope und Sommerlebensräume erfordern schnelle Anpassung an verschiedene Pflanzen- und Blattfarben des jeweiligen Bewuchses. Für rasche Farbwechsel sind in der Haut drei Pigmentschichten übereinandergelagert. Neben körpereigenen Farbstoffen spielt auch einfallendes Licht eine Rolle. Unterschiedliche Lichtaufnahme der Farbträger erzeugen Tarnfarben, die dem jeweiligen Lebensraum angepasst sind. Ein dunkelbrauner Streifen, der sich von Nasenöffnung über Augen und Flanken bis zur Hüfte zieht und dort eine charakteristische Schlinge bildet, trennt die oft grasgrüne Oberseite vom weißlichen Bauch. Dessen körnige, mit Warzen besetzte Haut ergänzt die Haftwirkung der Zehen-Saugnäpfe.

Wie kann ein so kleines Tier kilometerweit rufen? Von ihren Tagessitzwarten im Laub der Bäume und Sträucher steigen die Laubfroschmännchen herab und lassen sich auf der Wasseroberfläche der Tümpel treiben. In Paarungsstimmung füllen sie ihre runzlige, gelbbraune Kehlblase mit Luft und blähen sie mächtig auf. Ihr aufgeblasener Körper wirkt als Resonanzverstärker. Laute und schnelle Rufe sind von spät abends bis tief in die Nacht zu hören. Im Abstand von wenigen Metern besetzen mehrere Männchen Rufreviere und verstärken das Konzert. Eintreffende Weibchen können nun auswählen. Offensichtlich gewinnt der lauteste Schreihals am schnellsten die Zuneigung.

Gegenüberliegende Seite: Mit Haftscheiben an den Zehen können Europäische Laubfrösche perfekt klettern.

Höhlen

Unterwelten

Mehrere Millionen Jahre alte Albhöhlen sind Geotope und Biotope. Manche sind Natur- und Kulturdenkmale zugleich. Sie sind das Ergebnis der Auflösung des Schwäbischen Jura durch Verkarstung – einem Vorgang chemischer Korrosion und physikalischer Erosion im Zusammenspiel mit Wasser und Kohlendioxid. In erschlossenen Schauhöhlen sind reiche Schätze einer skurrilen Tropfsteinwelt für die Öffentlichkeit zugänglich gemacht und zu bestaunen. Bei gedämpfter Beleuchtung erstrahlen die in Millionen von Jahren entstandenen Kalklösungs- und Ablagerungsprodukte als fantastische Sintergebilde. Faszinierende Stalaktiten und Stalagmiten vermitteln surrealistische Bilder.

Strenger Frost außen, innen wohltemperiertes Fledermausquartier

Ganz anders dagegen die fremdartige und unheimliche Welt der unterirdischen Katakomben, die nicht touristisch erschlossen sind. Diese unwirtlichen und finsteren Höhlengänge sind Biotope. In ihnen haben einige hoch spezialisierte, empfindliche und verletzliche Tierarten ihre ureigenen Lebensräume gefunden. Sie unterscheiden sich von allen anderen dadurch, dass sie keine wesentlichen Umweltveränderungen durch Tages- oder Jahreszeiten erfahren. Tief in die Albtafel führende Karstgänge sind lichtlos, haben eine fast konstante Temperatur und eine Luftfeuchtigkeit von weit über 90 Prozent. Deshalb sind die Karsthohlräume ideale Refugien für seltsame Lebewesen und deren einzigartige Lebensgemeinschaften.

Was aber soll in dunklen, feuchten und kühlen Karstgängen oder in Höhlengewässern leben? Ohne Licht kein Leben. Und doch: Es gibt spartanisch lebende Höhlenkleintiere, die meist nicht als attraktiv empfunden und mit Wohlwollen betrachtet werden und die dennoch sehr nützlich sind.

Die unscheinbaren Vertreter der Insekten- und Kleintierwelt wie Spinnen, Asseln, Borstenschwänze, Fliegen und Mücken, Strudelwürmer, Springschwänze, Köcherfliegen und Höhlenschnecken finden zu Unrecht wenig Sympathie. Eher schon Schmetterlinge und Amphibien, welche man tief im Bauch der Erde nicht erwarten würde. In unterirdischen Karstwasserströmen und Höhlenbächen reinigen winzige Tierchen das Wasser und tragen zur Verbesserung seiner Qualität bei, noch ehe es ans Erdenlicht oder aus dem Wasserhahn sprudelt. Höhlenflohkrebse sind in einem zurückliegenden Erdzeitalter Frost und anderen widrigen Bedingungen eines oberirdischen Lebens entflohen und ins konstant temperierte Grundwasser geflüchtet. Sie ernähren sich von Bakterien. Unsere kleinsten Muscheln, die Erbsenmuscheln, filtern Zerfallsstoffe aus dem Höhlenwasser. Ur-Insekten aus vormenschlichen Epochen tragen bis heute zur Höhlenhygiene bei. Zur

Rückschreitende Erosion hinterließ bei Neidlingen einen Höhlenstummel: die Heimensteinhöhle.

Überraschung der Wissenschaft wurde erst 1963 in einigen Albhöhlen mit einem farblosen, winzigen Doppelschwanz eine neue, fünf Millionen Jahre alte Art entdeckt. Das flügellose Gliedertier nimmt mit einfach gebauten Mundwerkzeugen organisches Restmaterial aus dem Abbau von Pflanzen und Tierkörpern als Nahrung auf.

Anpassungskünstler

Mit geschärftem Blick kann man Lichtgestalten vor Höhleneingängen und in Halbhöhlen entdecken. Dort treiben Meister im Stabweitsprung auf Moosrasen Sport. Wer aber bevorzugt die Dämmerzonen und was verbirgt sich in ewiger Finsternis? Im Schummerlicht weben Höhlenkreuzspinnen ihre Radnetze. Unter Tage treffen sich Freund und Feind. Tagschmetterlinge begegnen Nachtschwärmern und Fledermäuse ihren Beutefaltern. Im Höhleninneren gibt es Hungerkünstler und Eulen, die Zacken in der Krone haben.

Trotz permanenter Nahrungsknappheit haben es Asseln, Schnecken und Muscheln geschafft, in die Unterwelt einzudringen, sich mit allen Raffinessen einzunischen und zu spezialisieren. Schwierige Bedingungen in ewiger Dunkelheit erforderten spezielle Anpassungen, welche sich in evolutiv kreativen Prozessen entwickeln mussten. Wer einen langsamen und effektiven Stoffwechsel ausbildete, konnte Mangelzeiten besser überbrücken. Echte Höhlentiere können monatelange Hungerperioden überstehen, indem sie unnötige Energieverluste vermeiden. Im schützenden Bauch der Erde gibt es Einsparmöglichkeiten: Stets gleichbleibende Verhältnisse, ohne das Auf und Ab der Zyklen in der Außenwelt, verlangen dem Organismus weniger Kraft ab. Selbst bei der Fortpflanzung wird gespart, indem die Zahl der Eier oder Nachkommen vergleichsweise gering bleibt. Dafür ist sie jederzeit möglich, weil es unter Tage keine lichtbedingten Jahreszeiten gibt. Unterirdisch vollzieht sich die Entwicklung der Tiere langsam. Der Feinddruck ist gering, weswegen sie ein hohes Alter erreichen können. Bachflohkrebse in unseren Bächen werden ein bis zwei Jahre alt, Höhlenflohkrebse überleben im Schoß der Erde bis zu acht Jahre. In der Sonne sind Augen hilfreich zum Sehen, brauchen aber auch einen Schutz, ebenso wie die Haut vor schädlicher ultravioletter Strahlung und Wasserverlust. Dies entfällt bei echten Höhlenbewohnern. Sie brauchen auch keine aufwändigen Muster und Farbkombinationen zur Tarnung.

Höhlenkreuzspinnen leben in der Nähe von Höhleneingängen.

Unterirdische Herbergen

Die Empfangshallen der Höhlen sind im Winter traditionell mit Eiszapfen aus Tropfwasser geschmückt. Doch das Innere der Untertage-Herbergen ist wohltemperiert und wird unterschiedlichen Komfortansprüchen diverser Gäste gerecht. Nahrungsknappheit, klirrendem Frost und Erfrierungstod kann man im Winterhotel Höhle also entspannt entgehen. Dauerbewohner wasserführender Gangsysteme sind Wasserschnecken, Erbsenmuscheln, Flohkrebse und Strudelwürmer. Wie die mikroskopisch kleinen Höhlen-Springschwänze sind sie oft pigmentlos und blind. Für ein Leben in ewiger Dunkelheit sind Augen überflüssig. Bei Höhlenflohkrebsen haben sie sich zurückgebildet, als sie in einem zurückliegenden Erdzeitalter Frost und anderen widrigen Bedingungen eines oberirdischen Lebens entflohen und ins konstant temperierte Grundwasser flüchteten.

Diese ständigen Bewohner erhalten Besuch von Höhlengästen, darunter treue Winter-Stammgäste. Sie kommen wegen der günstigen Bedingungen regelmäßig wieder und bleiben mehrere Monate. Auch höhlenliebende Zufallsgäste checken ein. Für sie sind unterirdische Röhren und Hallen, Ritzen und Spalten Teillebensräume, in welchen sie Hochzeit feiern, Nachwuchs großziehen oder sich vor jahreszeitlichen Klimaveränderungen in Sicherheit bringen können.

Verschiedene Höhlenbereiche sind von speziellen Klima- und Lichtverhältnissen geprägt. Am Höhleneingang ist es am hellsten,

Fledermäuse wie das Große Mausohr nutzen zugfreie Höhlen als Winterquartiere.

Zimt- oder Zackeneule. Kondenswassertröpfchen wirken als Vergrößerungsglas.

Temperatur und Luftfeuchtigkeit entsprechen nahezu den Bedingungen der Außenumgebung. Die anschließende Dämmerzone bildet den Übergang zwischen der Außenwelt und dem hinteren, völlig dunklen Abschnitt einer Höhle. Im Herbst ziehen sich Kleintiere wie Käfer, Hundertfüßer oder Felsenspringer in Ritzen und Spalten und in eine wohltemperierte Höhle zurück, um Kälte und Frost zu entgehen. In deren Dämmer- und Dunkelzonen halten sich auch bedrohte Mausohren, Zwerg- und Wasserfledermäuse auf. Lärm, Licht und Rauch von Fackeln oder wilden Lagerfeuern stören sie nachhaltig. Gleichbleibende Temperaturen von sieben bis neun Grad Celsius und hohe Luftfeuchtigkeit sind eine wichtige Voraussetzung für Winterschlafplätze der Flattermänner. Im Frühjahr ist man erstaunt darüber, wo plötzlich wieder Schmetterlinge wie Zackeneule, Pfauenauge und Kleiner Fuchs herkommen und muss die ersten juckenden Insektenstiche verschmerzen. Des Rätsels Lösung: Die Falter überwintern ebenso im Höhlensystem wie befruchtete Stechmückenweibchen. Doch Letztere sind begehrte Beute im Netz von Höhlenkreuzspinnen, die sich durch natürliche Bekämpfung der Plagegeister nützlich machen.

Leben auf Sparflamme

Amphibien wie Erdkröten und schwarz-gelb gebänderte Feuersalamander verkriechen sich im Herbst in den schützenden Bauch der Erde. Ab und an auch Reptilien wie Schlingnattern und Blindschleichen. Manche Höhlengäste verschlafen den ganzen Winter, andere ruhen nur. Amphibien und Reptilien fallen in Winterstarre. Winterruhe, ohne Absenkung der Körpertemperatur, hält zum Beispiel der Dachs. Echte Winterschläfer wie Fledermäuse oder Siebenschläfer senken ihre Körpertemperatur drastisch und setzen alle Lebensfunktionen herab. Für ihre Temperaturregulation ist ein Not-System in Bereitschaft, das dann anspringt, wenn die Umgebungstemperatur unter die Schlaftemperatur sinkt.

Die meisten Fledermausarten sind auf störungs- und zugfreie Höhlen angewiesen, die ihnen bei konstanten Temperaturen etwas über dem Gefrierpunkt einen erholsamen, langen Winterschlaf ermöglichen. Viele davon sind für ihre Quartiertreue bekannt und fliegen jedes Jahr in dieselben Winter- und Sommerlager. Sie sind bei uns die einzigen Säugetiere, die fliegen können, und die bekanntesten Höhlentiere. Sie fliegen mit den

Zwerg-Fledermäuse zwängen sich in enge Spalten.

Braunes Langohr. Die Differenz zwischen Körper- und Ohrlänge beträgt nur einen Zentimeter.

Händen, sehen mit den Ohren und jagen lautlos in der Nacht. Ihr Echolot hilft ihnen beim Beutefang. Männchen haben einen Harem und Weibchen bilden Wochenstuben, wenn sie Nachwuchs haben. Am Kopf sehen sie aus wie Mäuse und haben statt eines Schwanzes eine Flughaut am Ende des Körpers. Damit käschern sie Insekten aus der Luft und helfen lautlos bei chemiefreier, kostenloser Schädlingsbekämpfung.

Fledermäuse halten Winterschlaf. Dieser beginnt mit einem kontrollierten Absenken der Körpertemperatur und verlangsamter Atmung. Auslöser dafür sind die Umgebungstemperaturen, welche eine Kälteakklimatisation einleiten. Kalte Herbstnächte bewirken ein langsames Anpassen der Körper an kühlere Temperaturen. Im Winterquartier kommt es zu hormonellen Veränderungen, welche den Stoffwechsel auf Sparflamme setzen. Herz- und Atemfrequenz sinken drastisch ab. Die Fledermäuse fallen in Kältelethargie. Dabei überwacht ein innerer »Thermostat« die Annäherung an die kritische Grenze zum Erfrieren. Er aktiviert automatisch die Körperfunktionen und gibt ein überlebensnotwendiges Nachheizsignal.

Wie Hamster, Igel, Haselmaus und alle anderen winterschlafenden Tiere fressen sich auch Fledermäuse einen Winterspeck an. Diese Reserve ist notwendig, um für den Aufwachvorgang genügend Energie zur Verfügung zu haben. Große Mausohren können ihre Körpertemperatur von etwa vier Grad Celsius während des Winterschlafs innerhalb von 60 Minuten auf 37 Grad Celsius anheben. Bei der kleinen Zwergfledermaus dauert dies nur eine halbe Stunde. Dazu wird enorm viel vom Speicherfett verbraucht. Wird eine Fledermaus während des Winterschlafs allzu oft gestört, beispielsweise durch Höhlenbesucher, so fehlen ihr spätestens im Frühjahr die nötigen Fettreserven für den Aufwachvorgang. Sie ist zum jämmerlichen Verhungern verurteilt. Eine fünfmonatige Schlafphase hat auch ohne Störungen Gewichtsverluste von einem Drittel des Körpergewichtes zur Folge. In Höhlen überwinternde Falter und Insekten reichen nicht aus, einen Energiemangel auszugleichen. Im Sommer jagt eine Fledermaus eine ganze Nacht lang und verspeist dabei etwa die Hälfte ihres Körpergewichtes an Insekten, um ihren Energievorrat langfristig aufzubauen. Dazu legt sie unter der Haut Fettdepots an.

Während das Große Mausohr im Winterschlaf meist frei an der Decke oder an Gesteinsvorsprüngen hängt, zwängen sich Zwergfledermäuse in Millimeter enge Schlitze und Spalten. Im Eingangsbereich mit wenig stabilen Temperaturverhältnissen und in der Übergangszone können Kleine Bartfledermäuse, Fransenfledermäuse und Braune Langohren überwintern. In der Dunkelzone mit konstanten Temperaturen krallen sich Große Mausohren oder auch Wasserfledermäuse an Wände und Decken. Sicher gegen Räuber wie Fuchs und Marder sind Hangplätze in hohen Höhlengängen.

Leben unter Balmen

Das Wort wird tatsächlich mit B geschrieben. Balmen stammt aus dem Keltischen und bezeichnet Halbhöhlen. Es sind Aushöhlungen unter überhängenden Wänden am Fuß von Felsen und somit spezielle Kleinlebensräume. Wegen der vergleichsweisen Lichtfülle sind die Lebensbedingungen rund um die Höhlenportale am günstigsten. Deshalb findet man hier eine hohe Artenvielfalt. Flechten, Moospolster und Farne mögen es feucht. An den Wänden wachsen Algen, Kletterpflanzen und Felsgebüsch. Uralter Efeu rankt mit glänzenden Blättern ums Höhlentor und schattenliebende Alpen-Johannisbeeren in Gesellschaft mit Wilden Stachelbeeren lassen ihre langen, dünnen Reiser aus dem Fels baumeln. Weißgelbe Blütenkerzen der Alpen-Johannisbeere werden ebenso wie die langen Goldnessel-

Karstgesicht: überhängender Kalkfels mit ausgekolkten Löchern und blaugrauen Algenbändern

Schluten von Hummeln und anderen bestäubenden Insekten angeflogen.

Zwischen Mooskissen liegen auf winzigen Terrassen etwa 15 Millimeter große, flügellose Felsenspringer. Zwei große Facettenaugen sowie einfache Einzelaugen kennzeichnen sie als Tiere nachts auf Nahrungssuche gehen. Es sind athletische Typen mit immenser Sprungkraft. Ihren langen Sprungstab am Hinterleib schleppen die Insekten schon seit ihrer Entwicklung vor Urzeiten mit sich herum. Muss er sich in Sicherheit bringen, krümmt der Felsenspringer ihn und schnellt mit einem gewaltigen Satz bis zu 30 Zentimeter weit weg. Dies entspricht dem zwanzigfachen seiner Körperlänge. Von solch sportlichen Leistungen können menschliche Athleten nur träumen.

Schlangenäuglein wanderten einst mit Steinzeitjägern in Felsgrotten ein.

In Felsbalmen findet sich eine ganz spezielle, genügsame Balmenvegetation. Teilweise sind es sogenannte Archäophyten. Dies sind Pflanzenarten, die vor langer Zeit mit dem Menschen in das Gebiet einwanderten. Das Niederliegende Scharfkraut oder Schlangenäuglein war ursprünglich im Mittelmeerraum beheimatet. Seine Samen verhaken sich in Tierfellen. In der Jungsteinzeit wurden sie von umherstreifenden Jägern in

ihrer Fellkleidung unabsichtlich beim Aufschlagen ihrer Ruhelager in Höhleneingänge verbracht. Die Schwarznessel oder Gottvergess, die Dach-Trespe, ein Gras, und zwei Igelsamengewächse sind weitere Archäophyten. Österreichische Rauke, Waldhundszunge und Sophienkraut oder Besenrauke bringen mit bunten Blumen Farbe in graue Balmenwände. Damals Rast- und Lagerplätze für schutzsuchende Vorfahren, sind Felsüberhänge heute bevorzugte Lager für Wild. Dessen nährstoffreiche Exkremente düngen die Pflanzenbestände der sehr seltenen Balmenvegetation.

Österreichische Rauke und rot blühender Ruprechts-Storchschnabel

Quellen und Fließgewässer

Schicksalsgemeinschaft

Als das Trinkwasser noch nicht aus dem Wasserhahn floss und mühsam ins Haus geschleppt werden musste, schätzte der Mensch dessen Kühle, Frische und Reinheit. Brunnen und Quellen begegnete er mit Achtung und Ehrfurcht und behandelte sie sorgsam. Frevler wurden hart bestraft. Sprudelnde Quellen sind Sinnbild für Leben, Kraft und Reinheit. Poeten und Märchenerzähler ließen sich davon inspirieren. Mönche gründeten an abgeschiedenen Quellorten Klöster und gingen in Klausur. Reines Quellwasser wird bis heute als Heilwasser angeboten. Quellaustritte schaffen Lebensräume, spenden Leben und gestalten die Landschaft. Winzige Rinnsale vereinen sich zu kleinen Berg- oder Wiesenbächlein, Bachläufen und schließlich zu Flüssen und Strömen. Alle Fließgewässer hängen über diese Nabelschnüre schicksalhaft an Quellen.

Ihren Anfang nehmen diese tief im Inneren der Kalktafel der Schwäbischen Alb. Niederschlagswasser versickert im zerklüfteten Gestein, trifft auf seinem Weg in die Tiefe auf Quellhorizonte und sammelt sich in unterirdischen Vorflutern. Es sind wasserundurchlässige Lehm- oder Tonschichten. Wo solch eine wasserführende Schicht die Erdoberfläche schneidet, kann Grundwasser ans Licht treten. Häufig sind das Hangfüße und Berghänge. Im Gebiet treten je nach Beschaffenheit des geologischen Untergrundes und des Temperaments, mit dem das Wasser austritt, verschiedene Quelltypen auf.

Tümpelquellen sind am häufigsten in unserem Karstgebiet. Der Quellmund am Grunde einer Mulde füllt zunächst den Quelltümpel mit Wasser. Der Überlauf ergießt sich in einen Quellbach. Imposante Quelltöpfe von Blau, Aach, Brenz usw. gehen auf weitreichende unterirdische Höhlensysteme mit großen Wassermengen zurück. Sie werden zu magischen Orten, wenn ihre tiefen, trichterförmigen Wassertöpfe bei großer Sichttiefe mit zauberhaftem Blau aufwarten. Magier ist kurzwelliges Blaulicht, das von Trubstoffen gestreut und zurückgeworfen wird.

Sturz- oder Fließquellen sind von großen Wasserfällen und zahlreichen anderen Stellen bekannt. Große Wassermassen ergießen sich zentral aus Felsspalten, Schichtfugen

und Ritzen aus der ewigen Finsternis ans gleißende Licht. Sie speisen wilde, tosende Bergbäche, die ungestüm dem offenen Tal zueilen.

Sumpf- und Sickerquellen sind die lautlosesten von allen. Aus zahlreichen Wasseradern sickert Grundwasser, durchtränkt das Erdreich flächig und bildet auf Lehm oder Ton Quellsümpfe aus. Schachtelhalme, Orchideen, Wollgräser und andere botanische Raritäten können sich einstellen.

Durch andauernde Verkarstung haben sich manche Bäche und Flüsse allmählich in den Untergrund verabschiedet. Oberirdisch fielen ihre Täler trocken. Wenn der Karstkörper nach Schneeschmelze oder Starkniederschlägen wassergesättigt ist, kann sich in solchen Trockentälern Kurioses ereignen: Hungerbrunnen schütten eine Zeit lang Wasser. Nach dem Frühjahr »verhungern« sie und verschwinden wie von Zauberhand von der Oberfläche.

Der Urspring ist mit zirka 800 Meter Länge einer der kürzesten Alb-Bäche.

Europäische Kostbarkeiten

Mit ihren typischen Kalktuff-Quellen beherbergt die Alb europäische Juwelen. Sie verwandeln Pflanzen auf wundersame Weise zu Gestein, das lange Zeit begehrter Rohstoff zum Hausbau war. Im Kalktuff eingeschlossen, schlummern bedeutende Archive der Vegetationsgeschichte. Charakteristische, moosreiche Quellfluren sind einmalig. Nach der FFH-Richtlinie hat ihr Schutz höchste Priorität, was nicht zuletzt ihrer Bedeutung als Basis allen Lebens geschuldet ist.

Mehr als 100 Tier- und Pflanzenarten sind streng an diese sommerkühlen und winterwarmen Quellen gebunden. Ihnen kommen gleichmäßige Lebensbedingungen zugute: Konstante Wassertemperaturen verhindern ein Zufrieren. Insektenlarven können sehr früh im Jahr schlüpfen. Sauerstoff- und Kalkgehalt sowie Säuregrad verändern sich kaum. Kalktuff-Quellen sind Schlüsselstellen zwischen Karstgrundwasser und Oberflächengewässern. Hier treffen sich aus Höhlen ausgeschwemmte Arten des Grundwassers wie der blinde Höhlenflohkrebs mit Bach- und Stillwasserarten wie Bachflohkrebsen, Steinfliegen- und Köcherfliegenlarven sowie Flussnapfschnecken.

Direkt am Quellaustritt ist der Sauerstoffgehalt mit durchschnittlich 90 Prozent am höchsten, weswegen Feuersalamander ihre kiemenatmenden Larven hier absetzen. Die Pflanzenwelt der Quellen ist geprägt von Wasserreichtum und kühlem, feuchtem Klima. Starknervmoose, Brunnenkresse,

Ein Feuersalamander geht zwischen Gold-Milzkraut auf Jagd.

Bitteres Schaumkraut, Wasser-Ehrenpreis, Gold-Milzkraut, Wald-Schaumkraut und das sehr seltene Pyrenäen-Löffelkraut gehören zum Arteninventar von Waldquellfluren. Hochstauden wie Wasser-Dost und Geflügelte Braunwurz gesellen sich dazu.

Pflanzen sind Baumeister der Kalktuffwunder: Ausladende, vielstufige Terrassen, Kaskaden, Rampen und steinerne Rinnen werden von genügsamen Starknervmoosen aktiv erschaffen und verändert. Sie entziehen kalkhaltigem Quellwasser Kohlendioxid. Dadurch fällt Kalk aus und inkrustiert Moos-Stämmchen und -Ästchen, welche mit der Zeit absterben. Ins Wasser gefallenes Laub, Äste und Schneckenhäuser werden ebenso von Tuff eingeschlossen.

Vegetationsforscher widmen sich diesem spannenden Archiv, um einen Blick in die Vergangenheit zu wagen. Die Einschlüsse können Auskunft geben über Millionen Jahre alte Tuffbildner. Das natürliche Recyclingmaterial aus dem gelösten Kalk des Jurakörpers war vor Jahrhunderten gefragter Rohstoff. Vor allem kompakte Tufflager eigneten sich zum Abbau. Im Boden ist Tuffstein feucht und weich und kann gut gebrochen und behauen werden. An der Luft härtet er aus, so dass stabile Bauwerke gemauert werden konnten. Das poröse Material hat durch seine Lufteinschlüsse hohe Isolationswirkung. Dass Quellbereiche einst als heilige Orte galten, können empfindsame Naturbeobachter nachvollziehen. Klare, silberhelle Rinnsale, frischgrüne, weiche und überrieselte Moospolster, funkelnde Tropfen, leises Glucksen und sanftes Murmeln verströmen einen meditativen Hauch. In stiller Einkehr mag die Einsicht reifen, dass das Überleben der Menschheit schicksalhaft von einem sauberen Verhältnis zu ihren Wasserquellen abhängt.

In den meisten Krebsbächen und -gräben gibt es heute keine Steinkrebse mehr. Nächste Doppelseite: Leise rieselt eine Hangschuttquelle über bemooste Kalksinter zu Tal.

Aus den Augen – aus dem Sinn

Silbernes Band der Erms. Unten: Sumpfdotterblume, im Volksmund auch Schmalzkachel genannt

Kaum einen Lebensraum haben die Menschen seit dem Mittelalter so stark verändert wie Flüsse und Bäche und deren Auen. Schleife um Schleife ihrer Mäander wurde gekappt, Altwässer zugeschüttet, Wasserläufe kanalisiert, Auwälder abgeholzt und Auwiesen intensiv bewirtschaftet oder bebaut. Störende kleine Nebenbächlein wurden verlegt oder unter die Erdoberfläche gesperrt. Die landschaftgestaltende Kraft des Wassers war unerwünscht. Mit der Verdolung geriet eines der wichtigsten Lebenselixiere aus dem Blick: frisches, klares und reines Wasser. Alle (un-)möglichen Abfälle, Stoffe und Flüssigkeiten leitete man in die Fließgewässer. Als bequeme Vorfluter dienten sie zunächst dem schnellen, reibungslosen und vor allem kostenlosen Abtransport.

Aus den Augen, aus dem Sinn! Dachte man kurzsichtig. Doch das dicke Ende folgte: Schließlich verwandelten sich frische, silberne Bächlein in kranke, stinkende, trübe oder farbige Brühen. Häusliche, gewerbliche und industrielle Abwässer sowie landwirtschaftliche Einträge verfärbten den Patienten Bach in allen Farben des Regenbogens und er roch nach allen Düften dieser Welt. Schaumteppiche, starke Verkrautung und Algenblüte führten zu starkem Sauerstoffverbrauch. Mikroorganismen, auf Sauerstoff ebenso angewiesen wie Fische, starben. Die Gewässer kippten um. Grund- und Trinkwasser für den Menschen drohte durch Verschmutzungen und Gifte ernste Gefahr. Hochwasser setzte Gebäude unter Wasser. Die Weitsichtigen gingen auf die Barrikaden. Mit überfluteten Amtsstuben konfrontiert, wachten auch Politiker und Behörden auf. Sie begriffen, dass mit Quellen und Oberflächengewässern wieder sorgsamer umgegangen werden muss.

Inzwischen werden manche Gewässerabschnitte kostspielig renaturiert. Natürliche und vom Menschen nicht beeinflusste Bachläufe aber gibt es nicht mehr. Was wir heute noch vorfinden, sind naturnahe Reste. Viele Fließgewässer sind durch Querbauwerke wie Staustufen, Triebwerks- und Mühlkanäle zerstückelt, aufgestaut und aufgeheizt. Ihre natürliche Dynamik wird durch Sohlen- und Uferverbauungen zusätzlich behindert. Ein natürlicher Bachlauf modelliert sich sein Bett selbst. Vom Wasser am Oberlauf

abgetragenes Gestein in unterschiedlicher Größe wird bachabwärts verfrachtet und auf der Bachsohle abgelagert. Wechselnde Wassermengen und Strömungsgeschwindigkeiten verändern laufend das Geschiebe und sein Gesicht. Viele verschiedene Arten von Kleinlebewesen können in den Ritzen zwischen Bachkies und -geröll unterschlüpfen. Fließgewässer mit hoher Strömungsgeschwindigkeit, Strudeln und Turbulenzen ermöglichen Wasserinsekten und deren Larven einen schnellen Stoffumsatz, weshalb das Nahrungsangebot für Fische und Vögel hier besonders reichhaltig ist. Ein sehr produktiver, wilder Bergbach mit Gumpen und Stromschnellen wird im Mittel- und Unterlauf durch Biegungen und Schleifen gezähmt. Er kommt nun als gemächlich und träge fließender, mäandrierender Wiesenbach daher.

Rosette eines Habichtskrauts und fossiles Buchenblatt im porösen Kalktuffstein

Graureiher. Bei Jungvögeln ist der Hals noch grau.

Laufen gegen den Strom

Raureif hat im Winter Landschaft, Bach und Teich verzaubert. Dauer und Härte des Winters und eine dicke, verharschte Altschneedecke machen es vielen Tieren jetzt schwerer als sonst, Beute zu schlagen. Eulen, Turmfalken und Mäusebussarde müssen Hunger leiden. Manche Vögel haben sich von Winterunbilden unabhängig gemacht, Nahrungskonkurrenten fast völlig ausgeschaltet und sich auf Wasserbeute spezialisiert. An eisfreien, offenen Gewässern können sie zu jeder Jahreszeit ihren Hunger stillen.

Die starengroße Wasseramsel ist so eine Ausnahme. Unter den einheimischen Singvögeln sticht sie mit ihrer einzigartigen Lebensweise heraus. Der gewiefte Vogel hat an schnell fließenden Gewässern eine Nische in der Natur gefunden. Schwimmend, mit dem Kopf unter Wasser, stöbern die findigen Vögel im seichten Flachwasser am Gewässerrand. Für die Unterwasserjagd haben sie perfekte Techniken erlernt und sich ein Repertoire von Verhaltensmustern zugelegt. Während für das Fliegen ein leichter Körper vorteilhaft ist, verlangt das Tauchen ein möglichst hohes Gewicht. Außer den Schädelknochen sind deshalb alle Knochen der Wasseramsel mit Mark gefüllt, während sie bei anderen Vogelarten hohl sind. Trotzdem ist der Vogel leichter als Wasser und kann gut schwimmen. Er taucht zum Gewässergrund ab, um Stein-, Köcher- und Eintagsfliegenlarven, Bachflohkrebse und Weichtiere zu suchen. In Ritzen des Bachgerölles stochert er mit dem Schnabel nach Verstecktem, heftig gegen den Strömungsdruck kämpfend. Kleinere Steinchen wendet er, größere schiebt er weg.

Der Nahrungserwerb am für Singvögel außergewöhnlichen Ort erfordert einen angepassten Körperbau. Häute verschließen beim Tauchen die Nasenöffnungen vor eindringendem Wasser. Für das Unterwasser-Sehen ist die Augenmuskulatur zur Scharfeinstellung besonders kräftig entwickelt. Kurze, gerundete Flügel dienen als Unterwasser-Ruder.

Der einzige heimische Singvogel, der regelmäßig schwimmt und taucht, bedient sich einer raffinierten Unterwasserfortbewegung: Wenn er von einem Stein oder vom Ufer aus ins eiskalte Wasser stürzt, nützt er beim Abtauchen die starke Wasserströmung effizient aus. Mit schräg nach vorn gebeugtem Körper läuft er am Gewässergrund gegen die Strömung und wird so nach unten gedrückt. Leicht geöffnete Flügel erhöhen den Effekt. Auch Füße und Zehen sind verstärkt und besitzen einen Panzer aus Hornschienen und -platten gegen Stoßverletzungen durch Steine im Bachbett. Mit scharfkantigen Krallen können sich Wasseramseln im reißenden Bach besser am Boden halten, gegen die Strömung stemmen und abstoßen. Kräftige Flügelschläge unterstützen den Vortrieb.

Was für Taucher der Anzug, ist für Wasseramseln das extra dichte Gefieder. Es wird mit Fett aus der für Vögel auffallend großen Bürzeldrüse imprägniert. Gute Isolation bewahrt vor Wärmeverlusten bei Tauchgängen im stets kalten Wasser der Mittelgebirgsbäche. Um wieder an die Wasseroberfläche zu gelangen, verändern die Taucher ihre Körperhaltung. Der Auftrieb schießt sie dann einem Korken gleich nach oben. Ornithologen haben erforscht, zu welch imponierenden Leistungen Wasseramseln fähig sind. Sie tauchen bis zu 1,5 Meter tief, legen pro Tauchgang eine Tauchstrecke bis zu 20 Meter zurück und können maximal 30 Sekunden unter Wasser bleiben. Am Tag tauchen sie bis zu 1600 Mal und bewältigen unter Wasser eine Gesamtstrecke von etwa zwei Kilometer.

Der immense Energieverbrauch der Wasseramseln bei der Nahrungsbeschaffung lässt sich nur mit dem hohen Beuteerfolg rechtfertigen, so dass die Energiebilanz positiv abschließt. Brüten an Land, Fortbewegung in der Luft und Nahrungserwerb unter Wasser ist offensichtlich eine erfolgreiche Überlebensstrategie, die sich im Laufe der Evolution bei diesen Vögeln entwickelt hat. Der rundliche »Wasserkönig« mit kurzem, aufstellbaren Schwanz und der Statur eines übergroßen Zaunkönigs fasziniert mit seiner Fähigkeit, gegen den Strom zu laufen.

Wasserrallen leben versteckt im Röhricht. Links: Die Wasseramsel ist die Wasserkönigin.

An schneefreien Bachufern suchen überwinternde Gebirgsstelzen Nahrung.

Blaue Wunder

Naturnahe Bäche halten eine ganze Palette von Teillebensräumen bereit: Prall- und Gleithänge, Flach- und Steilufer, Bereiche mit unterschiedlicher Wassertiefe und Fließgeschwindigkeit und standorttypische, einheimische Ufergehölze. Dort finden sich stoische Fischer, flüchtige Wasserjungfern, perfekte Taucher, die gegen den Strom laufen, stolze Stelzen wie Gebirgs- und Bachstelze, Fische, die nicht schwimmen können, wie Mühlkoppen, Grenzgänger wie Zaunkönige und Rotkehlchen, Holzfäller und Burgherren im Pelz.

Wer am Bach unterwegs ist, kann sogar blaue Wunder erleben. Prächtige Fluss-Libellen gehören zu den schönsten und farbenprächtigsten Insekten. Blauflügel-Prachtlibelle und Gebänderte Prachtlibelle vereinen in ihren Namen Glamour, Extravaganz, Anmut, Eleganz und Ästhetik. Je nach Geschlecht schillern die Federgewichte in metallischem Dunkelblau, Saphirgrün, Kupfer oder Bronze. Ihre Farbschiller werden durch Überlagerung des Lichtes an Feinstrukturen und Lamellen an Körper und Flügeln erzeugt. Die funkelnden Edelsteine präsentieren sich als gewandte Flugartisten und pfeilschnelle Räuber. Wegen ihrer hohen Ansprüche an die Wasserqualität sind sie Indikatoren für die Gewässergüte und wegen phänomenaler Flugeigenschaften Vorbild für technische Lösungen im Helikopterbau.

Fliegender Edelstein, gefiederter Saphir, Smaragd-, Königs- und Meisterfischer, einheimischer Tropenvogel oder blauer Blitz werden unsere seltenen Eisvögel überschwänglich tituliert. Ihrer spektakulären Färbung in Blau-, Grün- und Rot-Schattierungen und des Seidenglanzes wegen zu Recht. Während die meisten Farben in der Natur durch unterschiedliche Pigmentierung hervorgerufen werden, beruhen die Schillerfarben des Eisvogelgefieders auf optischer Täuschung. Durch prismenartige Streuung des Lichts an Federstrukturen und je nach Lichteinfallswinkel schillert es von Saphirblau bis Smaragdtürkis.

Eine Sage erklärt die entzückende Färbung der Eisvögel anders. Nach einer Taube soll Noah auch einen Eisvogel von der Ar-

Das Grüne Blatt, ein waldgebundener Nachtfalter, trinkt an einer Karstquelle.

che ausgeschickt haben, um nach Land zu suchen. Beim Eintauchen ins Firmament färbte Himmelsblau auf seine ursprünglich grauen Federn ab. Als er schließlich der Sonne zu nahe kam, fing sein Bauchgefieder Feuer, worauf er sich zur Abkühlung in die Sintfluten stürzte und mit orangebrauner Unterseite und feuerroten Füßchen wieder auftauchte. Weil Noah inzwischen Land gefunden hatte, fand der biblische Kundschafter die Arche auf dem Wasser nicht mehr. Seither patrouillieren Eisvögel immer noch auf der Suche nach Noah die Flüsse entlang und rufen verzweifelt mit scharfen Pfiffen nach ihm. Heute suchen sie oft vergeblich nach Prallhängen, in die sie ihre Brutröhren graben können.

Vor etwa 15 Jahren schlich sich, nach seiner Wiederansiedlung in Bayern, Europas größtes Nagetier von Donau und Iller her kommend, heimlich in seine alte Heimat ein. Inzwischen besiedeln Biber wieder geeignete Albgewässer und betätigen sich als Landschaftsarchitekten. Ebenso wie Eisvögel stehen auch Biber für intakte Lebensgemeinschaften naturnaher Gewässer. Die Bedeutung des Bibers wird erst seit seiner Wiederkehr nach eineinhalb Jahrhunderten Abwesenheit erkannt. Er ist als Pionierart, welche Initialzündungen auslöst, ein Gewinn für die Natur und defizitäre Staatshaushalte. Manch kostspieliges Gewässer-Renaturierungsprojekte macht er überflüssig. Meister Bockert arbeitet effektiver als der Mensch und das zum Nulltarif. Wie kein anderes Tier kann der Wasserbaumeister für natürliche Gewässerentwicklung, Aufstau von Altarmen, Wiedervernässung, strukturreiche Ufer und damit für eine abwechslungsreiche Landschaft sorgen. Biber bringen Dynamik in Fluss- und Bachtäler, bereichern die Landschaftsstruktur und regeln den Wasserhaushalt. Ihre Lebensräume tragen zum Hochwasserschutz bei, indem sie Wasser zurückhalten, für gewisse Zeit puffern und Hochwasserspitzen kappen. Selbst-

Gebänderte Prachtlibelle im Morgentau. Oben: Ein Eisvogel hat eine Jungforelle erbeutet.

reinigungskraft der Gewässer und Grundwasserspiegel steigen. Letzteres federt die Auswirkungen von Trockenperioden ab. Mit ihrer Holzfällerei setzen Biber Ufergehölze auf natürliche Weise auf den Stock und machen teure mechanische Pflege überflüssig.

In ihrem Kielwasser folgen seltene und bedrohte Arten, welche von ihrer Lebensweise profitieren. In von Bibern geschaffenen Nebengewässern steigt die Artenvielfalt sprunghaft an. Es siedeln sich zusätzliche Fischarten, Wasserpflanzen und -insekten an. Abseits der Biberdämme werden durch Rückstau vernässte Senken von Amphibien als Laichplätze angenommen. Ein verbessertes Nahrungsangebot in Biberlebensräumen stützt auch andere Arten wie Reiher, Eisvögel, Ringelnattern, Fledermäuse und Libellen.

Hochgeschätzter Biber: einst als Fastenspeise, heute als Wasserbaumeister

Feuchtlebensräume

Sümpfe treiben seltsame Blüten

Über politische und gesellschaftliche Affären und Sümpfe schütteln Bürger den Kopf und wundern sich über obskure Fallstricke, Netze und tiefe Moraste, über die man stolpern oder in welchen man versinken kann. Wenn diese anrüchigen Sümpfe genauso konsequent trockengelegt würden, wie dies bei denjenigen in freier Natur bereits geschah, dann wäre auch hier das Aus für seltsame Sumpfblüten gekommen.

In den natürlichen Feuchtgebieten gibt es wie im richtigen Leben raffinierte Fallensteller, Betrüger und Blender. Manchen steht das Wasser bis zum Hals oder sie sind des Teufels. Für Pflanzen atypisch, ernähren sich einige Hungerkünstler vom Fang mit Fallen. Attraktive Blumenschönheiten buhlen zur Bestäubung listig um Insekten. Sumpfpflanzen lieben es, andauernd nasse Füße zu haben. Teufelsabbiss, Ofenwisch, Pfeifengras, Sumpf-Herzblatt, Sumpf-Veilchen, Sumpf-Stendelwurz, Fieberklee, Natternzunge, Fettkraut, Mehl-Primel, Sumpf-Blutauge, Wollgras, Sumpf-Dreizack und Sumpf-Läusekraut sind einige der prominenten Akteure in den wenigen verbliebenen Feuchtgebieten der Schwäbischen Alb.

Die Seltenheit dieser speziellen Lebensräume ist durch die Geologie und die Eingriffe des Menschen bedingt. Fast nirgends kann sich Wasser im Karstgebiet lange an der Oberfläche halten. Der Weiße Jura ist stark zerklüftet und durchlässig, weshalb stehende und fließende Gewässer rar sind. Auf der verkarsteten Albhochfläche verdanken die vom Wasser geprägten Lebensräume ihre Entstehung entweder vulkanischem Gestein oder abdichtenden Lehmen, die zumeist aus der Tertiärzeit stammen. Der Schwäbische Vulkan, der im jüngeren Tertiär vor zirka 15 Millionen Jahren im Urach-Kirchheimer Vulkangebiet rumorte, hinterließ mehr als 350 Vulkanschlote. Ihr Basalttuff staut Wasser, weshalb die Einheimischen von Wasserstein und vom darauf entstandenen schwarzen Wasserboden sprechen.

Bei Schopfloch entstand auf einem Vulkanschlot mit einem Kilometer Durchmesser

Gewöhnlicher Teufelsabbiss, eine alte Heilpflanze. Rechts: Die Natternzunge bildet wie alle Farne keine Blüten.

Moorpflanzen sind rar auf der Alb. Oben: Die Gemeine Moosbeere. Ihre Frucht ist eine am Boden liegende, kugelige, rote Beere. Unten: Scheiden-Wollgras mit flauschigem Wollknäuel

Schlüsselblumen-Würfelfalter auf einer Trollblume im Sumpf einer Hangquelle. Oben: Der Name verpflichtet: Sumpf-Vergissmeinnicht.

nach der Eruption ein Maarsee, der allmählich verlandete. Torfmoose siedelten sich an und schufen durch ununterbrochenes Absterben und Wachsen ein uhrglasartig aufgewölbtes Torfmoorschild, das ausschließlich von Niederschlagswasser gespeist wurde. Ein so genanntes Hochmoor entstand. Heute ist es das einzige der Schwäbischen Alb. Es ist zugleich Biotop und Geotop. In seinen Torf- und Seeablagerungen schlummert seit der letzten Vereisung ein einzigartiges Pollenarchiv der Klima-, Pflanzen- und Waldgeschichte. Doch bereits im 17. Jahrhundert begann sein Totenglöckchen zu läuten, als der berühmte herzogliche Baumeister Heinrich Schickhardt (1558–1635) »zu Schopfloch auf der Alb gegen Ochsenwang [...] einen großen Morast, so über 100 Morgen [= 31,52 Hektar]« erkundete und »mit seinem eisernen Bohrer über 8 Schuh [etwa 2,30 Meter] tief sehr gutes Torf« fand. Als das Pferd des Kirchheimer Commerzienraths Glöckler am 13. Juli 1784 im Moor versank, kam dieser auf die Idee, Torf zur Einsparung von Brennholz zu gewinnen. Herzog Friedrich Eugen erteilte die Abbaugenehmigung. Noch im selben Jahr wurde ein breiter, über zwei Meter tiefer und 115 Meter langer Entwässerungsgraben zu einer Doline gezogen. Bis zum Ende des Jahres waren bereits 400 000 Briketts mit je 40 Zentimeter Länge aus dem fünf Meter mächtigen Torf gestochen. 80 Jahre lang wurde nun von Tagelöhnern und Sträflingen gewerblich Torf abgebaut.

Heute sind vom einstigen Hochmoor nur noch zwei kleine Torfhügel vorhanden. Durch Verschließen der Entwässerungsgräben sollen der Wasserstand erhöht und die Streuwiesenflächen wieder vernässt werden, um die einstige Moorvegetation und ihre Lebensgemeinschaften wieder herzustellen.

Der Mensch hat über 90 Prozent der einzigartigen Lebensräume wie Quellsümpfe, Hang-Quellmoore, Streu- und Feuchtwiesen seit Jahrhunderten systematisch ent-

Ausgedehnte Sumpfdotterblumenfluren sind Augenweide und Besuchermagnet.

wässert und trockengelegt. Um intensiver wirtschaften zu können wurde aufgeforstet. Abflusslose Karstwannen wurden drainiert, Grundwasser abgesenkt sowie Wiesenmulden und Senken, auf deren Lehmböden sich Wasser sammeln konnte, verfüllt. So gibt es von diesen Feuchtbiotopen nur noch wenige in kleinflächiger Ausprägung. Entsprechend hoch ist die Zahl gefährdeter Pflanzen- und Tierarten. Selten geworden sind

Die Sumpf-Stendelwurz (oben) ist eine Orchidee der Feuchtgebiete und wie die Mehlprimel durch Entwässerung und Düngung bedroht.

auch feuchte Wiesen mit Quellaustritten am Hangfuß im Bereich des oberen Braunen Jura. Auch Trollblumen mit gelb leuchtenden Blütenkugeln, Sumpforchideen wie Sumpf-Stendelwurz, Fleischfarbenes und Breitblättriges Knabenkraut gibt es nur noch in kümmerlichen Restbeständen.

Zwischen Seggen, Binsen und Schachtelhalmen versteckt sich vereinzelt die grasgrüne Gemeine Natternzunge. Das uralte Farngewächs liebt die sickernassen Standorte genauso wie Grasfrösche und Mooreidechsen, die von der ungiftigen Ringelnatter gejagt werden. Vertreter deren Familie standen Pate für die Namensgebung der schlichten Pflanze, deren Sporenträger, ähnlich wie das Riechorgan einer Schlange, aus dem einzigen Blatt herauszüngelt.

Ofenwisch und Pfeifengras

Durch den immens hohen Verlust von Feuchtflächen ist der Wasserhaushalt in der Landschaft gravierend gestört. Niederschläge fließen schneller ab. Doch ohne solche Pufferflächen steigt die Zahl der Hochwasserereignisse. Sehr speziellen, von Feuchte abhängigen Arten und ihren Lebensgemeinschaften wird buchstäblich ihr nasser Boden unter den Füßen weggezogen. Dauernder Wasserüberschuss ist jedoch Grundvoraussetzung für alle Moore. Sie sind gekennzeichnet durch saures Bodenmilieu und Nährstoffarmut.

Die Älbler nennen sie Riad. Für den Namen Ried stand das mittelhochdeutsche *riet* für Schilfrohr, Sumpfgräser oder allgemein für Sumpfland Pate. Alte Orts- und Flurnamen wie Rietheim, Riedbrunnen, Riedbach, Riedhalde, Hinter dem Ried, Riedbaum, Riedwiesen, Riedgraben, Torfwäldle, Torfgrube, Au, Saure Wiesen und Seewiesen zeugen heute noch von Torflagern, wasserreichem Gelände und Streuwiesen. Letztere verdanken ihre Bezeichnung einer extensiven, traditionellen Bewirtschaftungsform. Sie wurden nur einmal im Jahr, spät im Herbst oder Winter gemäht, wenn der morastige Boden kurzzeitig trocken gefallen oder gefroren war und man nicht Gefahr lief einzusinken. Die Mahd der Bestand bildenden Sauergräser verhinderte die Verbuschung der Flächen und hielt sie damit offen. Ein weiterer Vorteil: Spät blühende Kräuter und Gräser konnten zur Samenreife gelangen.

Riedgräser, Seggen und Binsen haben durch eingelagerte Kieselsäure harte und scharfkantige Stängel und Blätter und wer-

Gelbe Schwertlilien und Himmelsleitern in einer Streuwiese

Im Ried. Spinnen haben zwischen herbstlich gefärbten Ampferstauden ihre Radnetze gewoben.

den von Nutztieren, mit Ausnahme von Pferden, verschmäht. Das Mähgut fand deshalb seit der Einführung der Stallhaltung für das Vieh Mitte des 19. Jahrhunderts als Einstreu Verwendung. Solches Seegras wurde einst als Polstermaterial für Sitzmöbel oder -kissen verwendet. Wegen seiner knotenlosen Halme konnte Pfeifengras zum Putzen durch Raucherpfeifen gezogen werden. Rohrkolben erhielt den Nutzernamen Ofenwisch wegen seiner Eignung als Asche-Kehrgerät. Schwer zu Erklärendes galt als Teufelswerk, weshalb die Narben von abgestorbenen Rhizomen am Wurzelwerk den Bissen des Satans zugeschrieben wurden.

Inzwischen sind die einstigen Moor- und Sumpflebensräume durch menschliche Eingriffe stark geschrumpft. Eingezwängt zwischen intensiv genutzten, monotonen Äckern und artenarmen Fettwiesen sind hoch spezialisierte Lebensgemeinschaften einer lebensbedrohlichen Überdüngung durch Stickstoffeintrag ausgesetzt. Das Watzenried im Alb-Donau-Kreis hat von einst über 60 Hektar heute nur noch ein Fünfzigstel dieser Größe, das Upfinger Ried, ein Kalk-Flachmoor im Landkreis Reutlingen sechs Hektar. Beide wurden vom Bund Naturschutz Alb-Neckar e. V., BNAN, 1978 und 1983 durch Grundstückskäufe in letzter Minute gerettet. 1995 würdigte das Regierungspräsidium Tübingen das hochwertige Biotop bei Upfingen mit der Ausweisung als Naturschutzgebiet. 1931 erwarb der Schwäbische Albverein Grundstücke im Schopflocher Ried oder Moor im Landkreis Esslingen. 1942 wurde dort ein 43 Hektar großes Naturschutzgebiet ausgewiesen. Den Naturschutzvereinen und ihren ehrenamtlichen Aktiven ist zu verdanken, dass die letzten größeren Riedflächen geschützt und gepflegt werden und nicht, wie andere zuvor, vollständig vernichtet wurden. Sie sind Rettungsinseln für Pflanzen- und Tierarten, welche sich an wasserreiche Standorte angepasst haben und nur dort überleben können.

Fallensteller und Insektenfresser

Im Gegensatz zu vollständig im Wasser lebenden Wasserpflanzen stehen Sumpfpflanzen nur mit den Füßen darin. Die Sauerstoffarmut im Schlamm gleichen sie durch spezielle Anpassungsmechanismen aus. Uferröhricht stehender und fließender Gewässer und Röhricht in Sumpfwiesen wird hauptsächlich von Schilfrohr oder Ried gebildet. Der Riese unter mitteleuropäischen Süßgräsern drückt sumpfigen Lebensräumen mit mehr als drei Meter hohen Halmen unübersehbar den Stempel auf. Seine bis zu zehn Meter langen Ausläufer bilden ein dichtes Wurzelgeflecht, das Wellenschlag dämpft und Ufer befestigt. Wie bei vielen

Ein Braunkehlchen-Männchen sitzt auf einer Sumpf-Kratzdistel.

anderen Sumpfpflanzen sind die unterirdischen Sprossteile des Schilfs innen hohl. Von diesen Luftspeichern in hohlen Halmen und Wurzelhohlräumen wird die Sauerstoffzirkulation im Gewebe in Gang gehalten. Überschüssiges Gas tritt aus, durchlüftet den Schlamm und aktiviert Mikroorganismen, welche zur Wasserreinigung beitragen. Diese positiven Eigenschaften des Schilfröhrichts werden erfolgreich in Pflanzenkläranlagen genützt. Schilf werden Heilkräfte bei Krebserkrankungen zugeschrieben.

Dichte Schilfgürtel an Gewässern bieten Nahrungsräume, Verstecke und Brutplätze für Wasserrallen, Teichhühner, Sumpfrohrsänger, Rohrammern und Laubfrösche. Zu den im Schilf verborgenen botanischen Kostbarkeiten gehören merkwürdige und farbenfrohe Blumen, die Fliegen täuschen, Fallen stellen und Insekten fressen oder gar alpinen Ursprungs sind.

Die rosarote Mehl-Primel ist ein Glazialrelikt, das während der letzten Eiszeit aus den Alpen flüchtete und hierher ins Mittel-

Sumpfrohrsänger heften ihre Napfnester an Schilfhalme. Gegenüberliegende Seite: Sumpfschrecken sind Indikatoren für intakte Feuchtgebiete. Weibchen legen manchmal Rouge auf.

Gefleckte Heidelibelle auf Bittersüßem Nachtschatten. Rechts: Zebra- oder Wespenspinne im Netz

gebirge auswich. Weil feuchte anmoorige und torfige Böden sauer und extrem stickstoffarm sind, besorgen sich manche Pflanzen ihre Nährstoffe auf raffinierte Weise. Der Rundblättrige Sonnentau fängt mit langen klebrigen Tentakeln kleine Insekten. Das blauviolett blühende Gewöhnliche Fettkraut legt breite, fettig glänzende Blätter in einer Rosette platt auf dem Boden aus. Zur Klebfalle gehören lang gestielte, klebrige Fangdrüsen und eingerollte Blattränder. Wenn kleine Tierchen sich darin verfangen, gibt es für sie kein Entrinnen mehr. Ihr Zappeln reizt die Blätter, sich weiter einzurollen. Aus speziellen Verdauungsdrüsen abgesonderte Sekrete verdauen die Weichteile der Beutetiere innerhalb von drei Tagen. In ihnen enthaltene Mineralien wie Kalium, Kalzium, Magnesium und Phosphor gleichen den Nährstoffmangel der nassen Böden aus.

Das weiß blühende Sumpf-Herzblatt besticht mit eigenartigem Blütenbau. Obwohl nektarlos, gelingt es der Täuschblume, Insekten zur Bestäubung zu verführen. Grüne Leitadern auf den weißen Kronblättern weisen Besuchern den Weg zu den Staubgefäßen im Zentrum. Hier befinden sich Wimpern mit einem gelben Knöpfchen an der Spitze jedes Wimpernhaares. Fliegen lassen sich durch diese Nektarattrappen täuschen und mit Pollen bepudern. Das Studentenröschen, wie es wegen seiner Blütezeit zu Semesterbeginn im September genannt wird, kommt auf Kalk-Quellsümpfen, Kalk-Flachmooren und in Pfeifengras-Streuwiesen vor. Tiefblaue, vielblütige Schwalbenwurz-Enziane und Lungen-Enziane mit dunkelblauen Kronen sind bestechende Farbtupfer zwischen gelbbraunem Schilf und Sauergräsern. Beide Arten stehen als stark gefährdet auf der Roten Liste.

Das seltene Gewöhnliche Fettkraut ist eine fleischfressende Pflanze in Quellfluren.
Oben: Das Sumpf-Herzblatt mit interessantem Blütenbau blüht spät von August bis Oktober.

Felsen

Treffpunkt Albfelsen

Offene Kalkfelsbildungen sind Mittelpunkt eines vielfältigen Ökosystems mit Geröll- und Blockhalden, Höhlen, Balmen, trockenwarmen Gebüschen und Wäldern. Sie erheben sich spektakulär, schroff und kühn am Albtrauf. Auch an Steilhängen tief eingeschnittener Täler verströmen sie wilden Charme. Die zerklüfteten Charakterköpfe prägen das einzigartige Landschaftsbild der Alb. Ihre erodierten Zerfallsprodukte lagern seitlich und unterhalb der Felswände. Scherbiger Verwitterungsschutt ist in breit gefächerten Geröllhalden angehäuft. Ganz unten hat die Schwerkraft große, moosbewachsene Felsbrocken überzwerch zu Blockhalden gewürfelt. Brüchige Felsen im Hang und an der Albkante liefern durch Steinschläge ständig Nachschub. Es sind eigentlich lebensfeindliche Todeszonen. Verblüffend, dass sich einige Lebenskünstler ausschließlich diese Extrembiotope zum Überleben ausgesucht haben.

Blauer Lattich wächst auf Felsbändern.

Die imposanten altersgrauen Kolosse wurden einst als fossile Schwamm-Algen-Bänke und Riffe vor rund 150 Millionen Jahren im tropischen Jurameer geboren. Neben wenigen kleinen Moorresten sind diese Meereskinder die einzigen so genannten Primärbiotope in Baden-Württemberg, die sich ohne jeglichen Einfluss des Menschen weitgehend ursprünglich erhalten konnten. Diese Urlebensräume der Schwäbischen Alb sind von Natur aus waldfrei geblieben. Nach dem Ende der letzten Eiszeit, dem Würm-Glazial, galt dies zunächst auch für unser gesamtes Mittelgebirge, bevor mit zunehmender Erwärmung dessen Wiederbewaldung einsetzte. Die Albhochfläche glich damals einer arktischen Tundra mit Moosen, Flechten und Zwergsträuchern. Lichtliebende und kälteresistente Pflanzen aus den Kalkalpen ergriffen diese Chance, um auf der kalkigen Hochfläche und den Jurafelsen der Alb Fuß zu fassen. Im Verlauf mehrerer Eiszeiten mit unterschiedlich großer Vergletscherung und während warmer Zwischeneiszeiten mit unterschiedlich starkem Rückzug der Alpengletscher wurden die jeweils eisfreien Gebiete von Pflanzen- und Tierarten wieder oder neu besiedelt. Nach und nach wanderten mediterrane Florenelemente aus dem Mittelmeerraum und pannonische aus südosteuropäischen Steppen ein und trafen sich auf der Alb mit Eiszeitpflanzen alpiner Abstammung.

Inzwischen ist die ursprüngliche Wildflora aus bewirtschafteten Flächen auf die wenigen waldfreien Lichtinseln, die offenen Felsbildungen, geflüchtet. Damit sind die Felsbereiche zu Rettungsinseln einer bunten Pflanzengesellschaft aus Warm- und Eiszeiten geworden. An Felsköpfen und -wänden blüht es in allen Farben: Gelbes Berg-Steinkraut, rote Pfingstnelken, Blauer Lattich, Purpur-Klee und weiße Berg-Wucherblumen. In Felsspalten gezwängt, setzen zierliche Kugelschötchen, Heideröschen, Habichtskräuter und Glatte Brillenschötchen weiße, rosa und gelbe Akzente.

Felsnadel und -rippen sind von bunter Steppenheide eingerahmt. Oben: Nur neun Prozent der Albfelsen überragen den Wald freistehend, so wie hier in einem Trauftal.

Extremlebensräume

Die Lebensbedingungen auf nacktem Gestein sind extrem hart. Allerweltspflanzen können hier nicht überleben. Bodendeckung und Humusauflage fehlen ganz oder sind auf Spalten und den Umkreis von Pflanzenpolstern beschränkt. Diese Situation kommt den genügsamen Fels- und Geröllhaldenspezialisten zugute. Sie müssen sich unter widrigen Bedingungen beim permanenten Kampf um die Existenz nicht auch noch mit frohwüchsigeren Konkurrenten um Nährstoffe, Wasser und Licht streiten. Steilwandspezialisten schmiegen sich eng an das Gestein, klammern sich in der Vertikale an winzige Vorsprünge oder Bänder, verankern sich mit feinem Wurzelwerk in Ritzen und Spalten und gewinnen aus der spärlichen Feinerde Nährstoffe.

An Felskopf und senkrechter Wand herrschen extreme Trockenheit und Wärme mit Temperaturen bis zu 70 Grad Celsius. Niederschlagswasser fließt sofort ab, Wärme wird im Felsgestein gespeichert. Die Temperaturdifferenzen können an einem Tag 50 Grad Celsius und während eines Jahres

Traubensteinbrechrosetten brechen aus einem Fels mit Krustenflechten.

Immergrüne Felsenblümchen sind Spaltensiedler. Sie sind Relikte der letzten Eiszeit vor 10 000 Jahren.

Blutroter Storchschnabel am Felskopf. Rechts: Dickblättriger Mauerpfeffer spitzt aus einer Felsritze.

80 Grad Celsius und mehr betragen. Wenn die exponierten Kalkwände im Sommer brütender Hitze und im Winter starkem Wind, Frost, Schnee und Eis ausgesetzt sind, bedarf es wirksamer Verdunstungs- und Frostschutzeinrichtungen bei den exponierten Spaltensiedlern. Felsgräser wie das Blaugras haben Faltblätter und der Blasse Schwingel Rollblätter entwickelt, um Verdunstungsporen bei großer Hitze zu verschließen. Das Immergrüne Felsenblümchen und der Traubensteinbrech minimieren die Transpiration, indem sie ihre Blattrosetten verengen. Wahre Überlebenskünstler sind Sukkulentenpflanzen wie vier Mauerpfeffer-Arten. Sie begegnen dem Wassermangel im nackten Fels mit dickfleischigen Blättern. Für längere Trockenperioden kann darin Wasser auf Vorrat gespeichert werden. Winzige Haferkornschnecken und stecknadelkopfgroße Felsenpyramidchen sind frostunempfindlich und können dank eines speziellen Frostschutzmittels in kleinsten Fugen sicher überwintern.

Einige Sträucher haben es geschafft, Felsen zu erobern und sie ab Mai apart zu schmücken. Darunter befinden sich seltene edle Rosen wie niedrigwüchsige, cremefarben blühende Bibernell-Rosen, rot blühende Filzrosen, Apfelrosen, Alpen-Heckenrosen und Rotblättrige Rosen. Felsenbirnen mit weißen Blütensternen und goldgelb blühender Schwarzwerdender Geißklee, der die Wärme sehr liebt, gesellen sich dazu.

Heimliche Könige

Einige seltene Vogelarten haben ihre Horste in steilen, unzugänglichen Felsmassiven. Dort finden sie Spalten, Felslöcher, Bänder und Nischen, wo sie vor schlechter Witterung und Feinden sicher sind. Sofern sie nicht gestört werden, kommen sie auch zu erfolgreichen Bruten. Auch zwei geschützte Rabenvögel sind Felsbrüter. In kleinen Spalten brüten gesellige Dohlen. Schlaue Kolkraben heften mächtige Reisignester in Aushöhlungen. Eulen und Falken dagegen bauen keine Nester und sind deshalb auf geeignete Felsnischen angewiesen. Kleine Turmfalken und schnelle Wanderfalken ziehen hier ebenso ihre Jungen groß wie ab und an Waldkäuze.

Heimlich ist auch der Uhu 1963 wieder in seine Felsheimat auf die Alb zurückgekehrt. Lange Zeit wurde die majestätische Eule mit den großen Augen und den Federohren als angeblicher Jagdschädling gnadenlos verfolgt. Seit 1940 war sie in Baden-Württemberg ausgerottet. Lateinisch *Bubo bubo,* wie der Uhu nach dem dumpfen »buho«-Ruf der Männchen genannt wird, mag den Wechsel von Wald, Feldflur, offenen Wasserflächen und Feuchtwiesen der Täler. Unsere größte einheimische Eule mit einer Körperlänge bis zu 70 Zentimetern und einer Flügelspannweite von 150 Zentimeter findet in den Felswänden Ruhenischen und störungssichere Rupfkanzeln. Ein zentraler Felsbrutplatz ermöglicht es dem Uhu, sowohl auf der Albhochfläche in Feld und Wald als auch in Bach- und Flussnähe ein reichhaltiges Beuteangebot zu bejagen. In der Morgen- und Abenddämmerung jagt der König der Nacht

Junge Wanderfalken auf einer künstlichen Plattform in einer Felsnische

Kolkrabe (oben), wie Uhu (unten), sind nach ihrer Ausrottung erst seit den 1970er-Jahren wieder Brutvögel unserer Albfelsen. Unten links: Junguhu. Unten rechts: Die größte europäische Eule, der Uhu, im Tagversteck

hauptsächlich Säugetiere wie Ratten, Mäuse und Igel. Im Winter braucht er zur Deckung seines Nahrungsbedarfs offene Gewässer mit Stockenten, Blesshühnern und Bisamratten. Bevorzugt bedient er sich in Schlafkolonien von Rabenkrähen. Kein Wunder, dass die schwarzen Gesellen auf den nächtlichen Erzfeind, der in seinem Tagesversteck sitzt, mit wilden Attacken und lautem Gekrächze reagieren.

Mit seinem vorzüglichen Gehör kann der Uhu in völliger Dunkelheit Beute orten und schlagen. Dazu ist er wie alle Eulen mit perfektionierten Sinnen ausgestattet. Eulenohren – nicht zu verwechseln mit den ohrähnlichen Federbüscheln – sind unsymmetrisch am Kopf angeordnet. Im Schädel sitzen die Ohrkammern unterschiedlich hoch und sind verschieden groß. Raschel- oder Fressgeräusche von Beutetieren verursachen Schallwellen. Diese gelangen an die versetzten Ohröffnungen mit einem winzigen Zeitunterschied. Der empfindliche Rechner im Gehirn des Nachtjägers kann am linken und rechten Ohr versetzt ankommende Schallwellen ab Differenzen von einer zehnmillionstel Sekunde auswerten. Das Ortungssystem von Eulen erfährt dadurch eine Optimierung und erlaubt es ihnen, Beute exakt zu lokalisieren. Hinzu kommt der Gesichtsschleier aus Federn, der ähnlich einer Satelliten-Empfangsschüssel, ankommende Wellen, vornehmlich Schallgeräusche, auf die Sinnesorgane fokussiert und damit die Wahrnehmungsempfindlichkeit und Treffsicherheit erhöht.

Uhufedern sind anders konstruiert als diejenigen der Tagvögel. Als Überraschungsjäger muss der Uhu lautlos zuschlagen können. Eigenfluggeräusche würden seine Ortung irritieren, ihn verraten und manchen Jagderfolg verhindern. Deshalb sind Gefieder und Einzelfedern auffallend weich und geräuschdämpfend. Eine flaumige Schicht bedeckt die Oberfläche der Schwungfedern. Die Kanten der Außenfahnen der Handschwingen sind in feine, rückwärts gebogene Zähnchen aufgefasert. Sie lenken den Luftstrom um und lassen Luft sanft und leise vorbeistreichen. Damit ist eine nahezu geräuschlose Überraschungsjagd möglich. Auch in stockdunkler Nacht gelingt es der Großeule, durch wiederholte Peilungen und Kurskorrektur ihre Beute zielgenau anzufliegen.

Höllenlöcher am Albtrauf liefern Nachschub für Geröllhalden.

Flucht in lebensfeindliche Steinwüsten

Eine sortierte, rezente Felsschutt- und Geröllhalde im Oberen Donautal

Die stillen Kräfte von Verwitterung und Erosion haben unterhalb der Kalkfelsen Geröll- und Blockhalden angehäuft. Es sind lebensfeindliche Standorte auf Kalkscherben und Gesteinstrümmern. Kein Wald kann aufkommen, lediglich spärliches Gehölz wie Felsenbirnen, Kornelkirschen oder Steinweichseln. Immer besteht die Gefahr, in einem Bombardement von Steinen erschlagen oder durch nachrutschendes Geröll weggerissen, eingeklemmt, zerquetscht oder verschüttet zu werden. Je nachdem, ob Feinschutt, Platten oder Blöcke angehäuft sind, ergeben sich unterschiedliche Lebensbedingungen für Tier- und Pflanzenarten. Solange die Steinhalden von ihren Felsen

laufend Nachschub erhalten und noch nachrutschen, ist ihre Vegetation sehr spärlich. Ausschließlich Spezialisten können sich in diesen unberechenbaren, ständigen Veränderungen unterworfenen Zonen halten.

Der Aufbau von Block- und Geröllhalden ist maßgebend für besondere klimatische Bedingungen. In Hohlräumen bleibt es kühl. Am besonnten Haldenkopf kann es sehr heiß werden, am schattigen Fuß kühl sein. Oben und unten gleichzeitig gemessen, kann ein erstaunlicher Temperaturunterschied von 20 Grad Celsius bestehen. In nordseitigen Geröllfeldern herrscht wegen niedriger Temperaturen und kühlen Fallwinden hohe Boden- und Luftfeuchtigkeit. Hier bildet sich ein Klima vergleichbar mit dem in den Alpen aus.

Wenig an Licht und Sonne stehen einer Gehölzentwicklung entgegen. So besetzten einzigartige Pflanzen die Freiräume. Flechten, Moose und Farne überziehen wuchtige Felsblöcke. Engelwurz in Gesellschaft mit Alpen-Glanzkerbel, Gelbem Eisenhut und Bergflockenblumen ähneln subalpinen Hochstaudenfluren. Montane Ruprechtsfarnfluren, Hirschzungen-Blockhaldengesellschaften, das seltene Felsen-

Die Röhrenspinne Eresus niger ist eine attraktive Schönheit des Donautals.

Die Alpen-Distel auf der Alb? Als Glazialrelikt ist sie an Felsen und Geröllhalden gebunden. Oben: Ausdauernde Mondviole oder Silberblatt blüht ab Mai und duftet betörend.

Früchte der Gewöhnlichen Zwergmispel. Die Bestäubung erfolgte durch Wildbienen.
Oben: Berg-Gamander. Der Zwergstrauch kriecht mattenartig über Steinschuttfluren.

Kreuzottern wurden jahrhundertelang verfolgt. Ihre Restvorkommen sind streng geschützt.

kirschen-Gebüsch und die Bestände des Schmalblättrigen Hohlzahnes haben unterschiedliche Ansprüche und eroberten sich geeignete Schutthalden oder Teilflächen davon. Einige Pflanzenarten sind Konkurrenzdruck nicht gewachsen und wurden vom Wald verdrängt. Sie mussten sich als Pioniere und ausgesprochene Lichtpflanzen weit vorwagen und in die Obhut der gefährlichen Steinwüsten flüchten. Dort bedecken sie, in fast respektvollem Abstand zueinander, nur schütter die Schuttfächer. Aber unterirdisch treten sie in ausgeprägte Wurzelkonkurrenz. Aus der Eiszeit stammendes Blaugras staut mit seinem Wurzelwerk fließenden Schutt und schafft erste Ruheinseln. Ruprechtsfarn, Alpen-Distel, Schwalbenwurz, auch Maiglöckchen und Braunrote Stendelwurz sind Erstbesiedler. Schuttwanderer wie alpiner Schildampfer und Berg-Täschelkraut setzen sich trotz ständiger Überschüttung mit langgestreckten oder vielverzweigten Triebsystemen immer wieder durch.

Offene Schotterflächen sind Besonnungs- und Brutplätze sowie Jagdräume für fünf wärmeliebende, geschützte Reptilien: ungiftige Schlingnattern, giftige Kreuzottern, sonnenbadende Blindschleichen und flinke Berg- und Zauneidechsen. Ihre Beuteinsekten wie Laufkäfer, Asseln, Schnecken, Spinnen sowie Mäuse leben zuhauf in den Zwischenräumen des Gerölls. Nützliche Hummel- und Wildbienenarten finden unter den Steinen Brutplätze und bestäuben ihre Nektarpflanzen im Schutt, an Fels und Saum. Deren ausgesprochener Blütenreichtum lockt wärmeliebende Schmetterlinge wie den Mauerfuchs und andere Tagfalter an. Nachtfalter wie Taubenschwänzchen, Elegans- und Bergkronwicken-Widderchen schwirren durch die Luft. Ein Netzflügler, der seltene Schmetterlingshaft, nutzt die Abstrahlungswärme über den Steinflächen, um in eleganten Schleifen am Hang entlangzugleiten.

Die Berghexe ist ein Felsenfalter. Links: Die Mauerbiene Osmia villosa schneidet Blütenblattstückchen zum Brutzellenbau aus.

Streuobstwiesen

2000 Jahre altes Menschenwerk

Irgendwann im 21. Jahrhundert: Hohe Spritpreise und Transportkosten treiben die Preise für Importfrüchte aus Übersee in schwindelerregende Höhe. Die Vitaminversorgung durch Importobst ist für weite Teile der Bevölkerung unerschwinglich geworden. Eine endlich weitsichtige Regierung hat soeben ein nachhaltiges Gesetz zur Sicherstellung der Versorgung der Verbraucher mit heimischem Obst auf den Weg gebracht. Um Mangelversorgung in Zukunft zu verhindern, ist jeder Bürger und jeder Heiratende ab sofort verpflichtet, eine vorgeschriebene Anzahl von Obstbäumen zu pflanzen. Entweder auf eigenen oder kommunalen Flächen beziehungsweise entlang von Straßen und Wegen. Das fortschrittliche Paragraphenwerk schreibt vor, dass die Bäume vom Pflanzer sorgfältig zu pflegen sind. Abgestorbene Gehölze müssen unverzüglich ersetzt werden. Wer seine Pflegepflicht nicht erfüllt, wird genauso wie Baumfrevler streng bestraft.

Verbraucher schätzen knackige Äpfel aus heimischen Streuobstwiesen.

Nur Fiktion oder doch bald Realität? Solch ein Gesetzestext könnte eine Reaktion auf globale Herausforderungen des Klimawandels, drastische Energieverknappung, fatale Abhängigkeiten von Importen und Kostenexplosionen sein. Ein Ausweg aus Qualitätsproblemen und Spritzmittelskandalen bei Fremdobst, weg von langweilig schmeckendem, exotischen Modeobst und ein Plädoyer für heimische, knackige Obstsorten, regionale Versorgung, Wertschöpfung und Arbeitsplätze vor Ort. Krisen wecken Problembewusstsein und befördern den Bewusstseinswandel, schärfen Einstellungen zu Herkunft und Wert von hochwertigen Lebensmitteln sowie den Geschmackssinn der Konsumenten.

Der Beitrag von Streuobstflächen als Erholungsraum, zum Boden- und Wasserschutz sowie zum Klimaausgleich kommt den Menschen ebenso zugute wie vitaminreiche Früchte. Gesundes Obst, Kompott, Säfte, Marmeladen, edle Destillate, Most, Obstessig und ein strukturreiches, für die Freizeit attraktives Landschaftselement sichern eine hohe Lebensqualität.

Auch zu anderen Zeiten als heute standen Selbstversorgung der Bevölkerung mit Vitaminen und wirtschaftliche Überlegungen im Vordergrund. Der Rückblick in frühere Jahrhunderte bis weit vor die Zeit des Mittelalters fördert erstaunliche Parallelen zum visionären Gesetz des 21. Jahrhunderts zutage. Ähnliche Direktiven führten letztlich zur Entstehung unserer landschaftsprägenden Streuobstwiesen. Damals waren Dekrete der Obrigkeit zur Förderung des Obstbaus Realität. Die Römer brachten ab dem 2. Jahrhundert nach Christus veredelte Obstgehölze nach Süddeutschland und bauten sie in Gärten ihrer Villen als Lieferanten für frischen Nachtisch, Saft, Most oder Dörrobst an. Karl

der Große regte 800 n. Chr. die Pflanzung spezieller Obstsorten an. Kirchliche Orden begannen in den Klostergärten Obstbäume zu pflanzen und fanden Nachahmer in Gehöften und Siedlungen. Ab dem 15./16. Jahrhundert bemühten sich Herrscher von Friedrich Barbarossa über Herzog Christoph und Karl Eugen von Württemberg bis hin zu König Wilhelm I. von Württemberg um die Verbreitung von Obstkulturen. Im 17. und 18. Jahrhundert schrieben Landesherren ihren Untertanen in Generalreskripten Obstbaum-Pflanzungen auf Allmende der freien Landschaft und entlang von Landstraßen verbindlich vor. Als auch Äcker bepflanzt wurden, entstanden Baumäcker mit wechselnden, ackerwildkrautreichen Unterkulturen, woraus sich die heutigen Streuobstwiesen entwickelten. Aus dem Selbstversorger-Obstbau ging später der Wirtschafts- und Verwertungsobstbau hervor.

Ein »Generalplan für die Neuordnung des Obstbaus in Baden-Württemberg« aus dem Jahr 1957 jedoch entpuppte sich als radikaler, großflächiger Rodungsplan, für den es auch noch Prämien gab. Ziel war es, rund 50 Prozent der Streuobstflächen zu roden, um den Erwerbsobstbau mit normiertem und weniger Sorten umfassenden Tafelobst zu fördern. Aus ökologischer Sicht wichtige alte und wenig pflegebedürftige hochstämmige Apfel-, Birnen-, Zwetschgen-, Süßkirschen- und Nusssorten mussten Obstplantagen mit in Reihe gepflanzten, gleichartigen Halb- und Niederstammbäumchen weichen. Streuobstwiesen in Ortsrandlage wurden Bauerwartungsland. Ebenso stetig wie die Sortenvielfalt schrumpften Streuobstgürtel um Siedlungen und Dörfer, die das Ortsbild verschönten. In den letzten 70 Jahren hat der Streuobstbau im Ländle um mehr als drei Viertel abgenommen.

Blühende Kirschbäume. Angebaut werden Herz-, Knorpel- und Schnapskirschen.

Früchte- und Tierparadies

Die verbliebenen Streuobstwiesen am Fuß der Schwäbischen Alb, in Stufenrandbuchten und Tälern sind kulturhistorische Landschaftselemente, welche zu jeder Jahreszeit reizvoll aussehen. Sie werden zum Früchteanbau, zur Heugewinnung, zur Honigernte und in der Freizeit vielfach genutzt. Eine traditionelle Wiese dieser Art besteht aus Hochstämmen verschiedener Obstsorten und -arten, Größen- und Altersklassen und je nach Standort unterschiedlichen Wiesentypen. Der Betrachter hat den Eindruck, als wären die Bäume über die Wiese gestreut. Auch die flurgliedernden Obstalleen entlang schmaler Sträßchen und Obstgürtel um Dörfer haben hohen ästhetischen Wert und sind mit ihren altbewährten Sorten ein unschätzbares Genreservoir für künftige Züchtungen. Liebhaber-Obstbau von Gütlesbesitzern ist wegen der Geschmacksvielfalt verschiedener lokaler Sorten ein Gaumenschmaus und ein Segen für Flora und Fauna.

Ein Schwalbenschwanz nimmt ein Sonnenbad auf Apfelblüten.

Alte, knorrige Obstbäume mit rissiger Borke, abgestorbenen Ästen und ausgefaulten Löchern an Stamm und Ästen sind Nahrungsquellen, Neststandorte, Sitzwarten und Verstecke. Je älter ein Baum, desto wertvoller. Vögel, Hornissen, Käfer, Fledermäuse, Spitzmäuse und Bilche finden hier jeweils ihnen zusagende Nischen. Ähnlich dem Stockwerksaufbau des Einzelbaumes ist die gesamte Streuobstfläche in unterschiedliche Lebensräume gegliedert. Je nach Standort bildet sich eine magere, trockene, feuchte, nährstoffreiche, schattige Wiesenvegetation aus. An borkigen Stämmen und Ästen wachsen Flechten, Moose und Baumpilze. Im Kronenbereich alter Obstbäume schmarotzen Laubholzmisteln. Saisonal wechseln sich Baumblüte, Belaubung und Fruchtbehang ab. Streuobstwiesen sind durch Menschenhand geschaffene Paradiese für

Aurorafalter, hier ein Männchen, sind der Sonnengöttin Aurora gewidmet. Folgende Doppelseite: Die Mistel ist ein immergrüner Strauch, der auch auf Apfelbäumen parasitiert.

Trauerschnäpper (links oben), Gartenrotschwanz (links unten) und Grauspecht (rechts) sind Brutvögel unserer Streuobstwiesen.

Kleininsekten, Schmetterlinge, Vögel und Säugetiere. Jahrhundertelange extensive Bewirtschaftung schuf nischenreichen Lebensraum für mehr als 3000 Tierarten. Für viele Arten, welche ihre ursprüngliche Lebensgrundlage verloren haben, sind Streuobstwiesen Ersatzbiotope aus einem Mosaik vielfältiger Kleinlebensräume.

Blütenreiche Obstwiesen mit Wiesensalbei, Storchschnabel, Veilchen, Schlüsselblumen, Traubenhyazinthen, Wiesenschaumkraut, Witwenblumen, Margeriten und Klee, dazu blühende Obstbäume, sind eine exzellente Bienenweide. Hummeln, Wild- und Honigbienen und damit Imker und Verbraucher profitieren vom reichhaltigen Nektar- und Pollenangebot. In solchen Falterparadiesen flattern Schlüsselblumen-Würfelfalter, Aurorafalter, Großer Fuchs, Admiral, Baum-Weißling, Postillon und viele andere auf der Suche nach Partner, Nektar und Eiablagepflanzen.

Nach Angabe von Ornithologen brüten bis zu 100 verschiedene Vogelarten in großen Streuobstflächen des Albvorlandes. Die Hälfte davon steht auf der Roten Liste für gefährdete Tierarten. Sie profitieren von einem Heer an Insekten und Nistmöglichkeiten in Stamm, Geäst und Blattwerk. Kleinspecht, Buntspecht, Mittelspecht, Grau- und Grünspecht fressen und füttern ihre Brut mit Unmengen von Ameisen, Larven und Blattläusen. Garten- und Wald-Baumläufer suchen mit ihren dünnen, gebogenen Schnäbeln in Rindenritzen nach Raupen, Spinnen und Käfern. Verschiedene Meisenarten, Feldsperlinge, Kleiber und Kernbeißer, Neuntöter und Trauerschnäpper, Goldammern und Stieglitze, Wacholderdrosseln und andere ernähren sich tagsüber im Streuobstparadies. Eulen wie Steinkauz und Schleiereule sind nachtaktiv und jagen nach Schermaus oder Maulwurf. Säugetiere wie Igel, Siebenschläfer, Haselmaus, Hermelin, Mauswiesel, Steinmarder, verschiedene Spitzmaus- und Fledermausarten nutzen den lockeren Bestand der Baumwiesen. Bedrohte Bechsteinfledermäuse und Große Abendsegler finden Hangplätze, Sommerquartiere oder Wochenstuben in Spechtbrut- und Fäulnishöhlen. Der Tisch direkt vor der Haustür ist reich gedeckt.

Wendehals und junger Buntspecht. Unten links: Großer Abendsegler. Unten rechts: Wiesenschaumkraut blüht im Frühjahr.

Pendler zwischen afrikanischer und schwäbischer Savanne

Mitteleuropäer entfliehen dem Winter gern für einige Tage in warme, südliche Gefilde, um sich zu erholen und vergnügen. Exklusive, gefiederte Sommergäste aus den afrikanischen Savannen nördlich und südlich des Äquators tun es den menschlichen Zugvögeln gleich – allerdings aus purer Überlebensnotwendigkeit. Sie pendeln zweimal im Jahr zwischen Afrika und Mitteleuropa. In Gesellschaft von Guter Luise oder Jakob Fischer – typisch schwäbischen Birnen- und Apfelsorten – zu brüten und Junge aufzuziehen, hat sich als erfolgversprechend herausgestellt.

Bis zu 10 000 anstrengende Flugkilometer, jeweils für Heim- und Wegzug, erfordern Höchstleistungen in Navigation und Ausdauer der oft nur 14 Gramm wiegenden Ultra-Leichtgewichte. Zugvögel sind zu solchen Ausweichbewegungen aufgrund herbst- und winterlicher Nahrungsarmut in unseren Breiten gezwungen. Ihre Winterlebensräume mit warmen, tropischen Grasländern, lockerem Baumbestand, eingestreuten, niederwüchsigen Gebüschen und Gehölzen sowie ausreichendem Nahrungsangebot haben Ähnlichkeit mit schwäbischen Streuobstwiesen. Pendant zu Zebra-, Gnu- und Gazellenherden der Savannen sind Schafe oder Kühe, welche vor allem steilere Obstbaumlagen beweiden. Gegenstück zu afrikanischen Termiten sind unsere Wiesen- und Wegameisen. In unseren Baumwiesen erkennen die Fernreisenden offenbar savannenartige Strukturen.

Schwäbische Baum-Grasländer mit auf Abstand gesetzten, freistehenden Hochstämmen, ausladenden Baumkronen sowie artenreichem Grünland als Unternutzung sind ihr saisonales Schlaraffenland. Rückkehr,

Brut und Aufzucht der Jungvögel haben die Sommergäste evolutiv mit der Zeit des höchsten Nahrungsangebots synchronisiert. Kurze und reichhaltige Fütterungsintervalle sind nötig, damit möglichst alle Jungen durchkommen. Dies gelingt am besten auf dem Höhepunkt der Insektenpopulationen. Dann reichen die tierischen Eiweißmengen in den Streuobstwiesen für die eigene Ernährung und zum Stopfen hungriger Jungschnäbel aus. Zur illustren Vogelschar der Weitstreckenzieher zählen Singvogel-Arten

mit klangvollen Namen wie Rotkopfwürger, Gartenrotschwanz, Halsbandschnäpper, Trauerschnäpper oder Grauschnäpper. Auch unsere Mehl- und Rauchschwalben, welche gerne über Streuobstwiesen jagen, gehören zu diesen Langstrecklern und fliegen aus dem Winterquartier, zum Teil vom südlichen Kap Afrikas, hierher. Dies trifft auch auf die südlich der Sahara überwinternden Nicht-Singvögel Mauersegler, Wiedehopf und unseren einzigen Zugvogel unter den Spechten, den Wendehals, zu.

Wer die meiste Zeit des Jahres auf Reise ist, hat nur einen kurzen Aufenthalt im Brutgebiet. Deshalb können manche der interessanten Sommervögel nur etwa drei Monate in unseren Breiten verweilen. Schnellflieger, wie die Schwalben, haben zwei Jahresbruten und eine doppelt so lange Aufenthaltsdauer. Schnäpper haben die weiteste Anreise und brüten am spätesten – in der Regel nur einmal – um danach mitsamt dem Nachwuchs auch rasch wieder ins tropische Afrika abzureisen.

Rauchschwalben sind Fernpendler. Drei Jungvögel ruhen sich aus.

Heimliche Seitensprünge

Der Mai ist gekommen und mit ihm ein kleiner, nur zwölf Gramm wiegender Piepmatz aus dem fernen Afrika. Nicht der süßen Kirschen und knackigen Äpfel wegen, der Halsbandschnäpper will hier Hochzeit machen und seine Kinder großziehen. Er verspricht sich in unseren Streuobstwiesen eine Menge Insekten für deren hungrige Schnäbel. Bereits Ende Februar hat er sein afrikanisches Winterquartier südlich der Sahara verlassen und sich auf die weite Reise zu uns gemacht. Er fliegt die ganze Nacht, um in 80 Etappen zu je etwa 100 Kilometer die Fernreise zu bewältigen. Nach einer grandiosen navigatorischen Leistung erreicht er zielgenau seinen Geburtsort. Erschöpft ruht er sich erst einmal in den warmen Sonnenstrahlen des Tages aus und sucht nach Fressbarem. Kohlschnaken, Fliegen und Falter werden mit einer sehr erfolgreichen schnäppertypischen Jagdtechnik, durch Ausfallflüge von Baumästen, in der Luft geschnappt. Immer wieder sitzt er auf ein dürres Ästchen in der Krone des uralten Apfelbaumes und singt, was seine Kehle hergibt: Hier ist mein Revier und ich bin zu haben – bis eine Halsbandschnäpperdame seinem Charme und dem betörenden Lied erliegt.

Schon zwei Tage nach Ankunft aus dem afrikanischen Winterquartier beginnt das Weibchen alleine mit dem Nestbau. Während sie Halme, Gräser und Fasern sammelt, mühsam zur Höhle transportiert und das Nest einrichtet, verteidigt ihr Gemahl mit Gesang entschlossen sein Revier. Ab und zu halten sie Vogelhochzeit und genießen ihre Zweisamkeit. Es kann aber auch anders sein. Während sie mit Wohnungseinrichtung, Futtersuche und Gefiederpflege vollauf beschäftigt ist, hält er auf seiner

Singwarte Wacht. So ist ihm nicht entgangen, dass, ein paar Hochstammobstbäume weiter, zwei weitere Weibchen eingetroffen sind. Frei wie ein Halsbandschnäppermann nun mal ist, besingt, betört und begattet er

nacheinander auch die Nachbarinnen. Solche Vielweiberei ist bei Halsbandschnäppers durchaus üblich. Doch kann er nicht überall gleichzeitig wachen. So nutzt auch seine Erstfrau die Gunst der Stunde und lässt sich auf den Reviernachbarn ein, der unverhofft eine Gelegenheit bekommt und seinem Rivalen jetzt nachträglich eines auswischt. Bleibt die spannende Frage nach dem Vater der Vogelkinder.

Blühendes Streuobst-Paradies zwischen Teckberg und Bühl

Nützliche Kobolde

Der wissenschaftliche Name *Athene noctua* für einen Vogel der Nacht, den heimischen Steinkauz, kommt nicht von ungefähr. Schon etwa 500 Jahre vor Christi Geburt zierten die drosselgroßen Vögel mit den großen Augen antike Münzen. Und die griechische Ein-Euro-Münze des 21. Jahrhunderts? Wer es wissen will, sollte sich das Geldstück in seinem Portemonnaie genauer anschauen.

Eulen ausgerechnet nach Athen zu tragen war so überflüssig wie ein Kropf. Einst muss der Steinkauz rund um die Akropolis herum häufig gewesen sein, denn Aristophanes stellte in der antiken Komödie »Die Vögel« 414 v. Chr. die suggestive Frage: »Ich bitte, bringt man Eulen nach Athen?«

In Baden-Württemberg dagegen sah es in den letzten Jahrzehnten düster für sie aus. Die interessanten Vögel erlitten durch die Zerstörung ihrer Lebensräume eine Tragödie. 1995 betrug ihre Population landesweit nur noch knapp 200 Brutpaare. Durch das Engagement von Naturschützern und die begeisterte Unterstützung von Gütlesbesitzern erholten sich die Bestände allmählich wieder. Dabei half die Erkenntnis, dass es sich bei dem Nachtvogel, trotz seiner mysteriösen Lebensweise, nicht um einen komischen, sondern nützlichen Kauz handelt. In der griechischen Mythologie ist Athene die Lieblingstochter des Zeus, Stadtgöttin Athens, Göttin der Weisheit, des Kriegs und des Friedens gleichzeitig. So ambivalent war auch die Einstellung des Menschen zu dieser kleinen, weisen, unheimlichen und doch faszinierenden Eule. Ihr wurden ob ihres Verhaltens stets positive und negative Attribute zugeschrieben. Zwischen Furcht und Wertschätzung, Hass und Verehrung reicht die jeweilige Spanne in den unterschiedlichen Kulturen und Epochen.

Steinkäuze haben wie alle Eulen ein feines Gehör zur Ortung ihrer Beute. Ihnen fehlt jedoch der ausgeprägte Gesichtsschleier einer Schleiereule, der ankommende Schallwellen bündelt und sie, zur besseren Orientierung unter erschwerten Sichtver-

Ein junger Steinkauz hat seine Bruthöhle in einem Apfelbaum verlassen.

hältnissen, zu den seitlichen Ohröffnungen leitet. Ein Hinweis darauf, dass die Jagd des kleinen Kerls während solcher Zeiten stattfindet, in denen er sich auf seine Augen verlassen kann: nämlich in der Dämmerung. Es gilt, die hungrigen Schnäbel der Brut auch tagsüber zu stopfen. Sie verputzen ein Menge Schermäuse, Maulwurfsgrillen, Maikäfer und andere, den Obstbäumen nicht zuträgliche Plagegeister. Auch Heuschrecken und Regenwürmer werden nicht verschmäht.

Wälder

Hochadel der Albwälder

Die Schwäbische Alb wird je etwa zur Hälfte forst- und landwirtschaftlich genutzt. Auf der Hochfläche bestimmen Äcker und Wiesen, gelegentlich auch kleinflächige Schafweiden, das Offenland. Dem stehen geschlossene, mehr oder weniger naturnahe staatliche, kommunale und private Wälder gegenüber. Die Waldbilder werden bestimmt durch die Standorte und ihre Böden, durch Licht und Schatten und die Art der Bewirtschaftung. Standortfremden Nadelwald-Monokulturen wurden mit Borkenkäferbefall und anderen Kalamitäten ihre Grenzen aufgezeigt. Hinzu kommt ein hoher CO_2-Ausstoß, der durch eine wachstumsorientierte und bisher wenig nachhaltige Konsum- und Industriegesellschaft verursacht wird. Er befördert den Klimawandel mit anhaltender Klimaerwärmung. Daraus resultieren Extremereignisse und eine Verschiebung der Vegetationszeiten. Milde Winter, starke Temperaturstürze, lange Trockenperioden, heiße Sommer, Starkniederschläge, immer öfter höhere Windgeschwindigkeiten mit daraus folgenden Sturmschäden und

Buchenschösslinge brauchen zum Wachsen nur wenig Licht.

saurer Regen verheißen den Fichtenwäldern und ihren speziellen Bewohnern in diesen Breiten eine ungewisse Zukunft.

Der schroffe Albtrauf mit seinen Steilhängen, die Übergänge zum Plateau und die Hanglagen der Kerbtäler sind mit Laubwäldern verschiedener Ausprägung bestockt. Mit der Hauptbaumart Rotbuche residiert hier der Hochadel der Albwälder. Rotbuchenwälder sind auf das klimatisch gemäßigte Europa beschränkt und weltweit einmalig. Deutschland ist ihr Verbreitungsschwerpunkt. Die imposantesten und schönsten davon gedeihen außer im Frankenjura auf den kalkreichen Böden der Schwäbischen Alb. Förster bezeichnen die Rotbuche als »Mutter des Waldes«. Sie hegt ihre Nachkommen, denn junges, zartes Laub der Buchenschösslinge bedarf der Beschattung durch Mutterbäume. Unter direkter Sonneneinstrahlung würde es kümmern. Schlanke, gerade und glatte Buchenschäfte stützen säulengleich das Kronendach. Der Volksmund bezeichnet den Buchenwald als Heilige Hallen und der Schriftsteller Victor von Scheffel als Tempel des Bauherrn der Welt. Er dichtete: »Sehet die Halle, wie stolz sie sich hebt, stolz zu der Bläue des Himmels aufstrebt.«

Alte Buchenforste strahlen eine stille Feierlichkeit aus. Zur Ausschmückung trägt

Buschwindröschen legen im Frühling einen Blütenteppich im Buchenwald.

Links oben: Leberblümchen sind lichthungrige Frühjahrsblüher. Links unten: Türkenbund-Lilien gedeihen im Halbschatten. Rechts: Das Immenblatt liebt warme Waldränder.

auch die bunte Krautschicht mit Veilchen, Primeln, Leberblümchen, Lungenkraut und Buschwindröschen im lichten Frühjahrs-Buchenwald bei. Waldgeschichtlich bestimmt diese Baumart die Buchen-Zeit in Mitteleuropa, die klimatisch betrachtet seit 800 v. Chr. bis heute andauert. Die große Stärke von Rotbuchen liegt in ihrer hohen Schattenverträglichkeit. Nicht einmal zwei Prozent des vollen Tageslichts reichen zu ihrem Gedeihen aus. Kein Wunder, dass einst die Römer vor den riesigen, düsteren Buchen-Urwäldern der Germanen zurückschreckten. »Wälder bedecken das ganze Germanien und fügen zur Kälte noch das Dunkel der Schatten«, schrieb Plinius der Ältere bedrückt, weil er sie aus Sicht mediterraner, warmer und lichter Steineichenwälder beurteilte.

Je nach Standort und Lage wachsen auf der Alb unterschiedliche Buchenwaldgesellschaften. Im Albvorland bildet ein submontaner Buchenwald mit gelegentlichen Eichenanteilen die natürliche Waldgesellschaft, auf der Hochfläche der Alb dagegen ein montaner Buchenwald mit

Edellaubbäumen wie Eschen und Ahornen. Je nach prägender Pflanzenart gibt es Waldgersten-Buchenwälder, Waldmeister-Buchenwälder, orchideenreiche Seggen-Buchenwälder sowie extrem steile und trockene Blaugras-Buchenwälder. Kleinflächig sind Flaumeichen-Mischwäldchen an südexponierten Hangkanten, sonnenseitige Spitzahorn-Sommerlindenwälder und nordseitige, luftfeuchte und schattige Eschen-Ahorn-Steinschutt-Hangwälder.

»Soweit die Schwäbische Alb reicht, ist die Rotbuche die kaum bestrittene Fürstin des Waldes. Als ein freundliches Diadem schlingen sich ihre lichtgrünen Bestände um die ernste Felsenstirn. [...] Sobald der Fuß die Schwelle des Weißen Jura und damit den Steilhang des Gebirgs betritt, empfängt uns der Buchenwald mit seinen dämmerigen Hallen.« Robert Gradmanns Beobachtung aus dem Jahr 1900 trifft bis heute zu. Doch wie lange noch? Das fragen sich Forstwissenschaftler und Klimaforscher angesichts der nicht mehr wegzudiskutierenden Klimaerwärmung, denn Rotbuchen bevorzugen kühlfeuchte Lagen. Erst in der Bronzezeit vor etwa 4000 bis 2500 Jahren, als das Klima abkühlte, hatten sie ihren Siegeszug über die wärmeliebenden Eichen angetreten. Bis zur anschließenden Eisenzeit, zirka 500 v. Chr. bis zur Zeitenwende, war das ursprüngliche Eichengebiet fast vollständig von der aus dem Balkan eingewanderten Rotbuche erobert. Vermutlich zum letzten Mal stellte die Natur ihre Baumgarderobe selbst zusammen. Fortan veränderte der Mensch das Waldbild ausschließlich zu seinem Nutzen. Wirtschaftswälder entstanden. Rund 50 Prozent der Waldfläche der Alb wird von forstlich genutzten Rotbuchenwäldern beherrscht. Sie sind Grüne Lunge und CO_2-Senker, indem sie der Atmosphäre klimaschädliche Treibhausgase entziehen, binden und Sauerstoff spenden. Ihr Holz ist ein klimaneutraler, nachwachsender Rohstoff, der nicht importiert werden muss.

Ebenso wichtig sind die Albwälder für den Erosions-, Grund- und Trinkwasserschutz. Rotbuchen verhindern als Tiefwurzler, dass in Hanglagen am regenreichen Albtrauf Boden weggespült wird. Verrottende Buchenblätter ergeben guten Bodenmull. Humusreiche Waldböden speichern und filtern Wasser effektiv. Wie von einem Schwamm wird Regenwasser aufgesaugt und dessen Abfluss ins Grundwasser und in Bäche verzögert – ein natürlicher Puffer gegen Hochwasser.

Eichen sind auf der Albhochfläche so rar wie Hirschkäfer, hier ein Männchen. Unten: Weiblicher Blütenstand einer Rotbuche

Blumengeschmückte Hallen

Basis allen Lebens im Wald sind Wasser, Licht und Wärme. Erste wärmende Sonnenstrahlen, reine, frische Luft und Ruhe locken Spaziergänger zur Blütenschau in lichtdurchflutete, mit bunten Blumenteppichen geschmückte Frühjahrswälder hinaus. In der prägenden Waldgesellschaft der Schwäbischen Alb, dem Waldgersten-Buchenwald, zeigt sich die Schattholzart Rotbuche gegenüber lichthungrigen Frühjahrspflanzen der üppigen Bodenvegetation generös und lässt bis zur Laubentfaltung so viel Sonnenstrahlen durchs Astwerk wie möglich. Unsere Kalk-Buchenlaubwälder können deshalb mit einem reichen Schatz an Frühjahrsblumen und einem für sie charakteristischen Naturphänomen aufwarten: einer alljährlich gleichbleibenden, bunten Abfolge von Blühaspekten im zeitigen Frühjahr. Die Reihenfolge des Aufblühens verschiedener Pflanzenarten bis Mai ist trotz witterungsbedingter Verschiebungen stets dieselbe.

Die Gewöhnliche Akelei steht auf Kalkboden im Laubwald und auf Hochwiesen.

Die verschiedenen Frühblüherarten haben sich mit unterschiedlichen Strategien auf die neue Saison vorbereitet. Die Füße noch im Schnee, das Haupt aber schon mit Becherblüten geschmückt: Die Stinkende Nieswurz führt wie immer bereits ab Februar den Blumenkorso an. Dieses Hahnenfußgewächs hat im grünen Zustand den Winter überlebt. Um nicht zu erfrieren, stellt sie tagsüber mit Hilfe der Sonne aus Wasser und Kohlendioxyd Stärke her, welche sie in Zucker umwandelt. Wässrig gelöst, senkt der Süßstoff den Gefrierpunkt und verhindert den Kältetod. Nach und nach folgen in den verschiedenen Waldtypen Märzenbecher, Leberblümchen, Lungenkraut, Windröschen, Waldveilchen, Frühlingsplatterbsen und Immergrün. Den Schluss bildet der Maiwaldblütenflor mit aromatisch duftendem Bärlauch, Waldmeister und Maiglöckchen. Zu dieser Zeit huschen Männchen eines Waldfalters namens Nagelfleck auf der Suche nach Weibchen in rasantem Slalom zwischen den grauen Buchenstämmen hindurch.

Der März schärft die vom Winter nicht gerade verwöhnten menschlichen Sinne: Waldspechte trommeln, erste Hummeln brummen, Kleiner Fuchs und Zitronenfalter fliegen. Betörender Seidelbastduft schmeichelt den Riechknospen. Buchfinkenmännchen schmettern ihr Lied. Sie müssen es wie jeden Frühling neu einüben.

In Hang- und Schluchtwäldern sprießen die ersten Märzenbecher und Schneeglöckchen aus den Schneeresten. Wie andere Pflanzen und Tiere haben diese Amaryllisgewächse durch Frost und Schnee Winterruhe verordnet bekommen. In dieser Zeit bleibt ihre Fotosynthese eingestellt. Wenn es Zeit ist, kommt in der Bodenzwiebel der Stoff-

wechsel in Gang und heizt die Triebe auf. Mit bis zu acht Grad Celsius Eigenwärme schmelzen sie sich durch die Schneedecke. Zugvögel halten sich noch in südlichen Gefilden auf. Säugetiere wie Fledermäuse, Bilche und Igel verharren im Winterschlaf. Waldfledermäuse schlummern in temperierten Karsthöhlen oder Felsspalten, Siebenschläfer und Haselmäuse unter Baumstubben oder in warm gepolsterten Baumhöhlen. Igel liegen in isolierenden Haufen aus Moos, Laub und Gras. Waldeidechsen, Feuersalamander, Gelbbauch-Unken, Grasfrösche und Erdkröten sind wechselwarme Tiere, deren Körpertemperatur von der Umgebungstemperatur abhängt. Sie liegen seit dem Herbst in Erdlöchern und im Wurzelwerk in Winterstarre. Zitronenfalter verbargen sich während der Winterruhe hinter grünen Efeuvorhängen an Buchenstämmen, im Fall-Laub, Gestrüpp oder Altgras am Waldsaum. Andere Schmetterlingsarten und Insekten sind

Märzenbecher im Schluchtwald sind Vorfrühlingsboten.

Der Hohle Lerchensporn, ein giftiges Mohngewächs, hat eine hohle Knolle.
Oben: Die Südwestalb birgt eines der Hauptvorkommen der Finger-Zahnwurz.

Etwa einen Zentimeter kleine Wollschweber fliegen wie Kolibris und trinken den Nektar mit ihrem langen Rüssel. Oben: Ein C-Falter tankt Septembersonne auf einem Buchenblatt.

Die Spanische Fahne, eine imposante Nachtfalterart mit einer Flügelspannweite von fünf Zentimeter, saugt mit Vorliebe an Wasserdost.

gestorben, haben aber Strategien entwickelt, Eier, Larven oder Puppen sicher durch die lebensfeindlichen Monate zu bringen.

Pflanzen aber können dem Winter nicht entfliehen. Weil sie an Ort und Stelle verbleiben, müssen sie innovativ sein. Frühblüher der Wälder nutzen die kurze Zeitspanne zwischen dem Abschmelzen der Schneedecke und der Belaubung im Mai zur Blüte, Bestäubung, Fruchtbildung und Samenreifung. Unbelaubte Bäume lassen im Waldinneren genügend Licht bis zum Boden durch. Schneeschmelze und Frühjahrsniederschläge liefern ausreichend Wasser. Für einen Schnellstart beim Austrieb sind Frühblüher mit Speicherorganen versehen. Sie liegen aus Frostschutzgründen unterirdisch. Märzenbecher und Schneeglöckchen haben im Vorjahr Nährstoffvorräte in Zwiebeln angelegt. Hohler Lerchensporn und Scharbockskraut beziehen ihre Austriebskräfte aus Reservestoffen, welche in Kugelknollen gespeichert sind, Anemonengewächse wie Buschwindröschen aus verdickten unterirdischen Sprossachsen.

Ausgerechnet der Gewöhnliche Seidelbast präsentiert sich ungewöhnlich. Er ist unser einziger früh blühender Wildstrauch und Besonderheit unter einheimischen Frühblühern. Im Gegensatz zu ihnen speichert er die Nährstoffreserven oberirdisch in verholzten Zweigen. Schuppenpanzer schützen seine Überwinterungsknospen vor härtesten Frösten und Frostaustrocknung. Die giftige Schönheit ist treue Begleiterin der Buchenwälder.

Die Haselmaus ist unter unseren Schlafmäusen, den Bilchen, die kleinste. Links: Der Dachs ist die größte einheimische Marderart.

Lichte Orchideen-Buchenwälder

Orchideen gehören zum Hochadel der Blumen. Rund ein Dutzend Arten davon haben sich als Lebensraum flachgründige, trocken-warme Buchenwälder an sonnigen Hängen ausgesucht. Aufgrund starker Hangneigung kommen an diesen Standorten Rotbuchen an die Grenzen ihrer Wuchsleistung und zeigen ein anderes Gesicht: Nicht mehr geradschäftig, sondern krummwüchsig, grobästig und mehrstämmig. Wegen mäßiger Holzqualität lohnt eine Bewirtschaftung nicht. Beigemischt sind Nebenbaumarten wie Traubeneichen, Mehl- und Elsbeeren, Spitz- und Feldahorne. Das lockere Bestandsgefüge lässt verhältnismäßig viel Licht zur wärmebedürftigen Krautschicht mit Seggen, Grauen Arznei-Schlüsselblumen, Pfirsichblättrigen Glockenblumen und Ebensträußigen Wucherblumen durch.

Das Blasse Knabenkraut blüht bereits im April in Kalk-Buchenwäldern.

Hier befindet sich auch der Lieblingsplatz des Blassen Knabenkrauts, der Frühlingsorchidee schlechthin. Mit seinem Blühzeitpunkt und der blassgelben Blütenfarbe fällt es aus dem Rahmen der meist roten Knabenkräuter, denn es öffnet seine Blüten bereits Ende April, bevor es vom Blätterdach der Laubbäume in den Schatten gestellt wird. Zur Bestäubung ist die Orchidee auf Hummeln angewiesen, die sich austricksen lassen. Im Sporn der Einzelblüten befindet sich nämlich gar kein süßer Nektar. Vielleicht ein Grund dafür, dass der Samenansatz dieser Nektartäuschblume meist nicht besonders üppig ausfällt. Die winzigen Samen des Blassen Knabenkrautes haben kein Nährgewebe und sind deshalb zur Keimung auf Bodenpilze als Partner angewiesen. Diese versorgen den Keimling mit Nährstoffen.

Knabenkräuter haben ihren Namen von hodenähnlichen Wurzelknollen. Wie rote Flammen leuchten bis zu 40 Zentimeter hohe Blütenstände des Männlichen oder Stattlichen Knabenkrautes im Mai aus dem ergrünenden Waldboden. Einstmals sollen Orchisknollen wegen ihrer Ähnlichkeit mit Hoden ausgegraben und zu sexuellen Stärkungsmitteln verarbeitet worden sein. Hier war allerdings der Glaube an deren Wirkung stärker als diese selbst.

Rotes, Weißes und Schwertblättriges Waldvögelein, Rotbraune Stendelwurz und

Weiße Waldhyazinthen sind weitere Juwelen der Orchideen-Buchenwälder der Schwäbischen Alb. Neben dem attraktivsten einheimischen Schmuckstück, dem Frauenschuh, und den Knabenkräutern mit ihren auffälligen Blütenrispen, fristet die bescheidene Vogelnestwurz unter unseren Waldorchideen ein Mauerblümchen-Dasein. Ihr Name bezieht sich auf den nestartigen Wurzelstock. Die Vogelnestwurz entwickelt keine Insekten-Lockfarben. Chlorophylle, die grünen Blattfarbstoffe, fehlen ihr fast vollständig. Aus der Symbiose mit einem Pilz, der Humus für sie aufarbeitet, bezieht sie ihr organisches Material. Ihr Schattendasein mit fehlender Photosynthese gleicht sie damit elegant aus. Die Vogel-Nestwurz gilt als Indikator für gesunde Waldbestände.

Der Europäische Frauenschuh ist Kennart der Orchideen-Buchenwälder.

Urige Schlucht- und Hangmischwälder

Gedämpftes Licht und Waldesruh. Uralte Bergahorne stemmen sich gegen die Schwerkraft und treten in bizarren Wuchsformen auf. Flechten und Moose wachsen auf ihrer grobschuppigen Borke. Wer Schlucht- und Hangmischwälder betritt, bekommt eine Ahnung, wie schwäbischer Urwald einmal aussehen könnte. Das urwüchsige Waldbild unterscheidet sich von buchendominierten Waldtypen. Man sieht es auf den ersten Blick: Es ist kein Wirtschaftswald in Monokultur mit strammen und geraden Stangen und kurzen Umtriebszeiten, sondern eine in langen Zeiträumen gereifte, in sich ruhende Waldwildnis.

Die Natur selbst hat für diese Standorte eine erfolgreiche Mischung aus mehreren Baumarten zusammengestellt. Bergahorne, Eschen, Bergulmen und Linden kommen in allen Altersstadien vor. Die maßgeschneiderte Mischwaldgesellschaft der Klingen, Tobel und Schluchten hat sich bewährt, ist langfristig angelegt, nachhaltig und stabil. Die urige Szenerie wird durch spezielle Geländeformen, Bodenverhältnisse und Klimabedingungen bestimmt: Tief eingeschnit-

Grün-rote Komposition: Haselwurzblatt und Zinnoberroter Kelchbecherling

tene, kühl-feuchte Kerbtäler mit frischen bis feuchten Hangfüßen, steile, felsdurchsetzte Schatthänge, dazwischen eingestreute Schutt- und Blockschuttfelder mit Eschenbestockung und sickerfrischen, nährstoffreichen Böden bilden die Kulisse. Mehr Schatten als Licht, unsicherer, rutschender Untergrund, Steinschläge, höhere Feuchtigkeit und niedrigere Temperaturen durch Fallwinde und nächtlichen Kaltluftabfluss bestimmen die Zusammensetzung der Vegetation.

Die steilen Extremlagen sind äußerst schwierig zu bewirtschaften, weshalb, wie auch in geschützten Bannwäldern, oft jegliche Nutzung unterbleibt. Im Vergleich zu Wirtschaftswäldern mit forstlicher Selektion bestimmt die natürliche Dynamik dieser Sonderstandorte das Gesicht des Waldes. Im bewegten Hangschutt aus Kalkscherben haben es Bäume schwer, standfest zu bleiben und die Vertikale zu finden. Quertreiber verrenken sich und streben säbelwüchsig zum Licht. Alt- und Totholz steht oder liegt in Hülle und Fülle herum. Umgestürzte Baumleichen werden von Holzpilzen, darunter tellergroße Zunderschwämme, allmählich zersetzt. Eschen und die eine oder andere junge Bergulme, welche noch nicht dem Ulmensplintkäfer anheimgefallen ist, gehö-

Einblütiges Wintergrün oder Moosauge wächst im Nadelholzforst.

So könnte schwäbischer Urwald einmal aussehen. Ein Buchenveteran ist zusammengebrochen. Wurmfarne halten am stehenden und liegenden Totholz Ehrenwache.

ren zu den kennzeichnenden Pflanzenarten der Ahorn-Eschen-Wälder kühlfeuchter Standorte.

Haselwurz, Hasenlattich, Hirschzungen-Farne, Lungenflechten, vor allem aber intensiv duftende Mondviolen prägen das Pflanzenreich schattiger Mischwälder. In kühlen Waldtälern und Schluchten rauschen schmale, silberhelle Mittelgebirgsbäche zu Tal. Leuchtend gelbe Gebirgsstelzen gehen wippend am Wasser auf Jagd. Im schattigen Fels nebenan bauen sie ihre Nester. An den Bachufern stehen Sumpfdotterblumen, Gelbe Buschwindröschen, Wald-Goldstern, Hohler Lerchensporn in Flieder und Weiß, vereinzelt Traubenkirschen, Schwarzerlen, Zitterpappeln und Sal-Weiden. Von den Blättern dieser Weiden ernähren sich die Raupen von Trauermantel und Großem Schillerfalter. Schillerfalter haben ihren Namen wegen des attraktiven Blauschillers auf den Flügeln. Er ist nur den Männchen vorbehalten und stammt von Strukturfarben und nicht von blauem Farbstoff wie bei anderen Falterarten üblich. Während Pigmentfarben durch Ablagerung von Farbstoffen in den Schmetterlingsschuppen entstehen, werden Strukturfarben durch Teilreflexion des Sonnenlichts erzeugt. Die Lichtbrechung erfolgt durch Luft in winzigen Kammern der Flügelschuppen. Bei entsprechendem Blickwinkel wird im zurückgestrahlten Kurzwellenbereich des Lichts ein faszinierender Blauschiller sichtbar.

Eine Buchen-Streckfußraupe auf dem Weg zum Verpuppungsplatz. Links: Wenig größer als ein Spatz – der Sperlingskauz hat eine Tannenmeise erbeutet.

Blauschwarzer Eisvogel: ein Falter des Laubmischwaldes

Lichtgestalten im Schattwald

Drei illustre Tagschmetterlingsarten haben ihre Refugien in lichten, sich in mehrere Stockwerke gliedernden Laubwäldern. Ein flüchtiger, blaugrauer Eisschimmer auf ihren bunt gescheckten Flügelunterseiten ist namengebend für den Großen, Kleinen und Blauschwarzen Eisvogel. Ihre dunklen Flügeloberseiten sind eine Anpassung an halbschattige Lichtverhältnisse. Damit ist es den mondänen Waldschmetterlingen möglich, die spärliche Wärme von nur wenigen Sonnenstrahlen zu nutzen. Großer und Kleiner Eisvogel fliegen auf Lichtungen, in Schneisen, an Waldrändern oder Säumen, an Forstwegen mit Kräutern, Hochstauden und Sträuchern, welche ihnen und ihren Raupen Nahrung bieten. Auf feuchten Waldwegen saugen sie Mineralien. Der Größere von beiden liebt luftige Baumwipfel, während der kleinere Bodennähe mag. Für den Erstgenannten sind Zitterpappeln zur Fortpflanzung wichtig, für die anderen die im Wald wachsenden Geißblattgewächse wie Rote Heckenkirschen. Der extravagante Blauschwarze Eisvogel fällt nicht nur wegen seiner Färbung, sondern auch wegen geringerer Schattenverträglichkeit aus dem Rahmen. Er ist einer der prächtigsten heimischen Tagfalter mit oberseits blauschwarzem Schiller. Dies erinnert an Schmetterlinge aus dem tropischen Dschungel.

Ein Falter der Superlative ist der mondäne Große Eisvogel: größter mitteleuropäischer Tagfalter mit acht Zentimeter Flügelspannweite. Er ist hochgradig bedroht und zählt zu den prächtigsten Schmetterlingen Europas. Wie kaum eine andere Art verdient diese Seltenheit die Familienbezeichnung Edelfalter. Filigran geäderte, mit Goldstaub bepuderte, orangebraune Flügelunterseiten sind mit dezenten weißen und blaugrauen Fleckenreihen und Randbändern besetzt. Keine schlechte Tarnung im Licht- und Schattenspiel von Gezweig und Blattwerk.

Schlüsselfiguren

Schwarzspechte sind unsere größten einheimischen Spechte. Sie sind kraft ihrer »schnabelhaften« Zerspanungstechnik Schlüsselfiguren des Waldes. Mit ihrer Fähigkeit, tiefe Höhlen ins Holz zu hacken, eröffnen sie anderen Arten Lebenschancen. Der Zimmermann des Waldes ist im Frühjahr mit seinen Trommelschlägen weit zu hören. Dafür sucht er sich einen abgebrochenen Ast oder einen vom Sturm zersplitterten Stamm als Resonanzboden. Abstehende, trockene Späne bearbeitet er nun mit einem Wirbel von etwa 200 Schnabelhieben pro Minute, welche das Holz zum Vibrieren bringen. Schwarzspecht-Männchen grenzen mit diesen weithin hörbaren Trommelwirbeln ihr Revier ab.

Als Brutbaum wird eine Buche mit dickem, glattem Stamm und freiem Anflug

Schwarzspechte gehören zur einzigen Tierart, die Baumhöhlen zimmert.

ausgesucht. Mindestens 120 Jahre alt sollte der Laubbaum für eine gut isolierende und sichere Kinderstube sein. 25 Tage meißelt das Schwarzspechtpaar bis zur Hochzeit an seiner Bruthöhle. Dies ist Schwerstarbeit für den etwa krähengroßen Zimmermeister, der wegen seiner Handwerkskunst und Brutgewohnheit auch Lochkrähe genannt wird. Oft sind mehr als 15 Schnabelhiebe nötig, um einen Span von etwa zehn Zentimeter Länge herauszumeißeln. Zirka 10 000 schmale und bis zu fünf Millimeter dicke Buchenspäne sind zu stemmen, bis die Höhle etwa 40 Zentimeter tief ist. Mit Serien bis zu 20 Schlägen, höchstens etwa 100 pro Minute, treibt der schöne Vogel seinen Schnabel ins Holz.

Die Inneneinrichtung bleibt spartanisch: Im Gegensatz zu anderen Vögeln, die ihre

Hohltauben sind Höhlenbrüter und Nachmieter von Schwarzspechthöhlen.

Nester mit Moos oder Tierhaaren weich auskleiden, sind Bruthöhlen der Schwarzspechte lediglich Rohbauten. Nur einige Späne bleiben am Boden der Nestmulde liegen. Darauf legt das Weibchen seine drei bis fünf weißen Eier. Schwarzspechte hacken Totholz, faulige Stubben oder Waldameisenhaufen auf und angeln mit ihrer langen Zunge fette Käfermaden und Ameisenlarven, um ihre Nachkommen zu füttern. Ein Junges vertilgt bis zum Ausfliegen nach vier Wochen etwa 60 000 bis 70 000 Insekten. Später können andere Höhlenbrüter und -bewohner wie Dohlen, Hohltauben, Raufußkäuze, Fledermäuse, Siebenschläfer, Baummarder oder Hornissen in die leerstehenden Wohnungen als Nachmieter einziehen.

Paradies im Kleinformat

Neben dieser Beton-Fliegerbombe gibt es noch zirka 500 000 scharfe Blindgänger.

Ziviler Volltreffer

Das erste Großschutzgebiet Baden-Württembergs wurde 2008 als Biosphärengebiet Schwäbische Alb ausgewiesen und als Leuchtturmprojekt proklamiert. Inzwischen ist es eines der 16 von der UNESCO anerkannten Biosphärenreservate in Deutschland. Seine Größe, Gebietskulisse, naturräumliche Ausstattung, Geologie und Naturschätze sind im Land einzigartig. Am 26. Mai 2009 nahm der damalige Ministerpräsident Günther Oettinger im Offizierskasino im Alten Lager des ehemaligen Truppenübungsplatzes Münsingen die UNESCO-Urkunde feierlich in Empfang.

Nach überraschend kurzen, zivilen Wortgefechten und Manövereinlagen erzielte damit das Land Baden-Württemberg, gemeinsam mit einer innovationsfreudigen, langfristig denkenden Region, einen nachhaltigen Volltreffer auf dem schwierigen Weg, Mensch und Restnatur zusammenzubringen. Als Ziele sind anvisiert: natürliche Ressourcen schützen, Funktionen der Ökosysteme erhalten, den Verlust an kultureller und biologischer Vielfalt stoppen, im Einklang und in Harmonie mit der Natur wirtschaften und leben und damit die Lebensqualität zu erhöhen.

Das 850 Quadratkilometer große UNESCO-Biosphärenreservat Schwäbische Alb erstreckt sich von Teilen des Albvorlandes im Norden zwischen Reutlingen-Gönningen und Weilheim/Teck über die Kuppen- und Flächenalb bis zur Donau bei Lauterach zwischen Zwiefalten und Schelklingen im Süden. Es spielt seither in der Weltliga mit zirka 570 UNESCO-Biosphärenreservaten in 110 Staaten mit. Berühmte Traditionslandschaften wie Serengeti, Yellowstone, Rocky Mountains, Riesengebirge, Slowakischer Karst, Tatra, Ostkarpaten, Valle de Ticino und Rhön gehören dazu. Grundlage für den meisterlichen Aufstieg der Schichtstufenlandschaft in die Liste weltweit repräsentativer Vegetationszonen und Besonderheiten war die Aufgabe der militärischen Nutzung des 6700 Hektar großen Truppenübungsplatzes Münsingen, der am 31. Dezember 2005 in das Eigentum der Bundesanstalt für Immobilienaufgaben überging. Drei Landkreise, 29 Kommunen und der damals noch gemeindefreie Gutsbezirk Münsingen brachten sich in die Gebietskulisse ein.

Für die Aufnahme in die Top-Liste weltweiter Biosphärenreservate und die internationale Anerkennung durch das UNESCO-Komitee sind hohe Anforderungen zu erfüllen: Unter anderem ist der Nachweis zu führen, dass das Gebiet weltweit mit einer einmaligen typischen Landschaft aufwarten kann. Zum Ensemble des UNESCO-Biosphärengebiets Schwäbische Alb gehören deshalb industriell geprägte, dicht besiedelte Ballungsräume ebenso wie Kulturlandschaften, geologische und historische Schätze und ein Mosaik von Lebensräumen, die repräsentativ für die Alb sind. Außerdem ist mindestens ein naturräumliches Alleinstellungsmerkmal gefordert. Das UNESCO-Biosphärenreservat Schwäbische Alb kann gleich mit zweien aufwarten. Ausgerechnet die bei Holzmachern unbeliebten forstlichen Steillagen mit Hang- und Schluchtwäldern am Albtrauf und in Trauf- und Flusstälern der Südabdachung sind weltweit einzigartig. Unter anderem mussten Kernzonen von mindestens drei Prozent der Gesamtfläche des Biosphärenreservates mit einer Mindestfläche von 100 Hektar ausgewiesen werden, in denen sich die Natur zukünftig frei von menschlichen Einflüssen dynamisch entwickeln kann. Im UNESCO-Biosphärenreservat Schwäbische Alb mit einem Waldanteil von 40 Prozent sind die Kernzonen reine Waldlandschaften, die, durch völligen Ausschluss einer Nutzung, die Urwälder von morgen sein können.

Typisch im Militärgelände: Beobachtungsturm, Totholz, Verbissgehölz, Frühlings-Enzian

Sprengsatz und Keimzelle

Surreales Raureifkunstwerk aus Altgras, Weißdornbusch und Buchenwald

Ein großflächiger, unbesiedelter, unzerschnittener Freiraum, gänzlich ohne öffentliche Straßen und öffentlichen Verkehr, ohne Licht- und akustische Verschmutzung. Statt intensiven landwirtschaftlichen Kulturen weite Schafweiden und eigentümliche Baumlandschaften. Keine Leitungsmasten und kein Freizeitrummel, welche stören. Dafür ein überraschend anderes, offenes Landschaftsbild aus dem vorvergangenen Jahrhundert und wohltuend heilsame, himmlische Stille. Für die Besucher eine Oase und für die Tier- und Pflanzenwelt ein Über-Lebensraum. Wo gibt es das noch in Baden-Württemberg? Auf dem ehemaligen Truppenübungsplatz Münsingen. Im Schutze von Panzern und Kanonen blieb ein archaisches Landschaftsbild konserviert, das weltweit einmalig und das zweite Al-

leinstellungsmerkmal ist, mit welchem das UNESCO-Biosphärenreservat Schwäbische Alb aufwarten kann.

Das eigen- und einzigartige Ensemble aus außergewöhnlicher Landschaftskulisse und militär-historischen Einrichtungen steht komplett unter Denkmalschutz. Die Szenerie erinnert an weite nordamerikanische Prärien oder osteuropäische Steppen wie die Puszta. Statt Bisons lebten in dieser Gegend einstmals Wisente und Auerochsen. Im 19. Jahrhundert wurden die letzten Wölfe und Luchse geschossen. Man glaubt, zu träumen. Offenheit und ein so nie gekannter Himmel rücken die seltsam museale Landschaft in ein besonderes Licht. Raues Klima, Kargheit und Weite verströmen spröden Charme. Uralte Weidebuchen laden weit aus. Ihre unteren Äste sind parallel zum Boden verbissen und spenden in der Mittagshitze breite Schatten für die Schafherden. Zerzauste Baumgestalten haben manchen Geschosstreffer überstanden. Knorrige Buchen-, Eichen-, Mehlbeer- und Birkenveteranen im Freistand drücken den Schafweiden und Karstwannen ihren Stempel auf. Hutebäume, einzeln oder in Gruppen, durchsetzt mit Gebüschen, verströmen einen parkähnlichen Reiz.

In der Hutelandschaft Münsinger Hardt findet man uralte, bizarre Baumgestalten so häufig wie nirgendwo sonst mehr. Die knorrigen Weidbuchen sind Zeugnisse einstiger Weidewirtschaft und gehören zum Landschaftsbild früherer Jahrhunderte. Nach ihrer Keimung durchliefen sie als Schösslinge ein beschwerliches Stadium als Kuh- oder Schafbusch, je nachdem, welches Weidevieh sich daran gütlich tat. Jahrzehntelang konnte dieses Martyrium der im Gegensatz zu Dornensträuchern unbewehrten Jungpflanzen dauern, um dem Gestutztwerden durch stets wiederkehrende, gefräßige Vierbeiner endlich zu entrinnen. Ihr langer, harter Kampf ums Überleben hinterließ bleibende Spuren. Man sieht es den markanten Weidbuchen an

Das alte Manövergelände bietet Brutplätze für die letzten Steinschmätzer Baden-Württembergs.

Raues, karges, weites Offenland mit Huflattich und Ameisenstädten

ihrer Vielgestaltigkeit noch heute an. Keine gleicht der anderen, doch alle haben eines gemeinsam: Sie konnten sich durch beharrlichen Wuchs nach oben und in die Breite dem fleddernden Zubiss allmählich entziehen und vom getrimmten Bonsai-Bäumchen bis zur mächtigen Weidbuche eine erstaunliche Wandlung vollziehen. Auch das 110-jährige militärische Intermezzo ging nicht spurlos an den Hutebäumen vorüber. So sind viele übersät von Einschussspuren und vernarbten Wunden.

Seit Jahrhunderten ziehen traditionell jedes Frühjahr Wanderschäfer mit ihren Tieren ins Münsinger Hardt, auf welchem der Gefechtsschießplatz für das 13. (kgl. Württ.) Armeekorps durch Verordnung König Wilhelms II. von Württemberg vom 3. August 1895 auf dem Wege der Zwangsenteignung entstand. Nachdem die Einrichtung des Gefechtsschießplatzes im Münsinger Hardt besiegelt war, konstatierte der Alb-Bote in einem Beitrag, gekennzeichnet mit Schw. M., am 17. August 1895: »In dieser, bisher vom Weltverkehr weit entfernten Gegend, wo stille Sabbathruhe in Wäldern und Feldern herrscht, wird künftig reges Leben sein, Waffengeklirr, Kanonendonner, Gewehrsalven und Hufschläge werden die Luft erfüllen.«

Anfang des 21. Jahrhunderts gab es Gerüchte, das Militär wolle das Feld räumen. Ein Antrag vom März 2002 unter Federführung des Bund Naturschutz Alb-Neckar e. V. (BNAN) »unverzüglich ein Verfahren zur Unterschutzstellung des gesamten Geländes des Truppenübungsplatzes Münsingen als Naturschutzgebiet einzuleiten und sofort eine einstweilige Sicherstellung anzuordnen« zündete einen Sprengsatz. Er beleuchtete das Gefechtsfeld, schreckte Behörden und politisch Verantwortliche auf und rückte das Juwel ins naturschutzfachliche Licht. Der Grundstein für ein großes Schutzgebiet war gelegt.

Aus der Keimzelle Manövergelände erwuchs durch erstaunlich weise Entscheidungen zur Überraschung aller ein kapitales Biosphärenreservat, das bei entsprechendem Management global konkurrenzfähig sein kann. Seit Ende 2004 schweigen auf der mittleren Kuppenalb Panzerhaubitzen, Geschütze, Maschinengewehre und Bordkanonen von Kampfjets. Panzer und Soldaten sind vom Truppenübungsplatz Münsingen endgültig abgezogen. Geblieben sind 20 Schafhirten mit ihren Hütehunden, die das einstige Militärareal und heutige Herz des UNESCO-Biosphärenreservates mit 30 000 Schafen beweiden, offen halten und eine einmalige, museale Landschaft konservieren. Was deutsche Truppen und internationale Streitkräfte nach jahrzehntelanger Koexistenz mit den Hirten an reichhaltigem Naturerbe hinterlassen haben, ist von höchster naturschutzfachlicher Qualität und für heutige Verhältnisse außergewöhnlich.

Gut behütet: Schäferin, Mutterschaf und Hütehunde passen auf, dass kein Lämmchen verloren geht. Oben: Glatter Durchschuss eines Buchenstammes. Warmes Licht der untergehenden Sonne verbreitet auf dem alten Schießplatz friedliche Stimmung.

Der Wiedehopf ist Durchzügler und gelegentlich Brutvogel im alten Übungsplatz. Gegenübeliegende Seite: Schachbrett, Thymian-, Bibernell-, Hufeisenklee- und Sechsfleck-Widderchen benötigen Nickende Disteln zum Saugen.

Raritätenkabinett mit militärischer Vergangenheit

Es scheint, als sei die Zeit stehen geblieben oder man befände sich in einem fremden Land. Nach dem Verstummen der Kanonen kann man das Schweigen aus Jahrhunderten hören. Das Raunen des historischen Münsinger Hardts aus längst vergangenen Zeiten dringt dem Beobachter der Gegenwart ins Ohr. Angesichts einer so unerwartet anderen Alb fühlt man sich merkwürdig berührt und auch ein wenig verwirrt. Das verblüffend andersartige Landschaftsbild entspricht weitgehend einem Standbild von vor etwa 200 Jahren. Dies in einer Dimension, wie es in unserer derzeitigen Kulturlandschaft und Zivilisation nicht mehr für möglich gehalten wird. Es ist eine Insel der Stille und Ruhe in einem Meer aus Lärm und Hektik.

Unter militärischem Schutz hat sich hier ein Arteninventar erhalten, wie es in dieser Vielfalt und Zusammensetzung in der Kulturlandschaft außerhalb des Platzes nicht mehr zu finden ist. Der ehemalige Truppenübungsplatz Münsingen beherbergt eine nachbiblische Arche mit seltenen Pflanzen, Tieren und europaweit zu schützenden Biotopen. Für viele Soldaten verschiedener Nationen war er Ausbildungscamp und Manövergelände mit internationalem Status. Seine vielfältigen Strukturen und die relative Ungestörtheit machen ihn aber auch zum Eldorado für Brutvögel, Durchzügler, Nahrungs- und Wintergäste. Zugvögel nutzen ihn bei Zwischenlandungen als internationale Drehscheibe. Während der Zeit des Vogelzugs machen Bekassinen, Schwarzstörche, Waldwasserläufer, Wiedehopfe, Seidenschwänze, Schafstelzen, Erlenzeisige, Kornweihen oder Raubwürger im Militärgelände Rast. Zusammen mit den Brutvögeln, davon 25 international bedeutende Arten, zählten Ornithologen 100 verschiedene Vo-

Mit 1,5 Meter Spannweite ist der Rotmilan ein imposanter Greifvogel. Mehrere Paare brüten in den Buchenwäldern des ehemaligen Truppenübungsplatzes.

gelarten. Vögel des Offenlandes und Bodenbrüter finden aufgrund der Gehölzarmut und der Altgrasbulten ideale Brutplätze, weshalb der Übungsplatz landes-, bundes- und europaweite Bedeutung für den Vogelschutz hat.

Heidelerchen sind die sympathischen Charaktervögel und mit ihrem schwermütigen, lullenden Gesang musikalische Interpreten des weiten Offenlandes der Heiden und Schafweiden des Übungsplatzes. Sie haben hier ihr zweitgrößtes Brutvorkommen in Baden-Württemberg. Baumpieper, Feldlerchen, Feldschwirl, Steinschmätzer, Neuntöter, Schwarz- und Braunkehlchen gehören zu der hier brütenden Vogelprominenz. Riesige Ameisenstädte mit Hunderten von Erdhügeln sind als mit Larven und Puppen gefüllte Speisekammern für Erdspechte wie Grauspecht, Grünspecht und Wendehals genauso wichtig wie stehendes oder liegendes Totholz in den Beschusswäldern.

Auf dem ehemaligen Schießplatz trifft sich eine illustre Gesellschaft mit Vertretern der sibirischen Fauna, arktischer Florenelemente und von Eiszeitrelikten. Eine Liste der dort vorkommenden Lebensraumtypen liest sich wie das Who's who der Prominentenwelt: Waldmeister-, Kalk- und Orchideen-Buchenwälder, kühle Schlucht- und Hangmischwälder. Feuchte Hochstaudenfluren wechseln sich mit Offenland-Biotopen wie

Raubwürger sind alljährlich Wintergäste aus dem hohen Norden.

Heide-Nelken kommen nur an kalkfreien Stellen vor. Seitenmitte: Die Schwarze Heidelibelle nutzt Schafgarbendolden zum Aufwärmen.

Trespen-Schwingel-Kalktrockenrasen, Wacholderheiden, Kalkpionierrasen und Felsen ab. Botaniker sind entzückt von Relikten ehemaliger artenreicher Borstgrasrasen mit dem aus der Lüneburger Heide bekannten Heidekraut, aparten Hundsveilchen, pinkfarbenen Heide-Nelken und Geöhrten Habichtskräutern. Bemerkenswert sind außerdem Waldgersten-Buchenwälder und Gebüsche der Vogesen-Rose. Biotope und Geotope in Hülle und Fülle. Bewaldete Kuppen und ausladende Hochflächen gehen über in bockelharte Felsburren, sanfte Wiesenhänge, flache Trockentäler und weite Karstwannen mit mehr als 230 Erdfällen. Sie zeigen die starke Verkarstung des Geländes an und »pausen« unterirdische Klüfte und Kanäle nach oben durch.

Überraschend für eine durchlässige und wasserarme Karstoberfläche, aber zum Segen für die Tier- und Pflanzenwelt gibt es unglaublich viele Kleingewässer, Tümpel und Pfützen. In Zeiten starken Übungsbetriebes waren es einst 1800. Sie sind ein Produkt aus von Panzern und Geländefahrzeugen verdichteten Lehmböden und reichlichen Niederschlägen.

Acht Amphibienarten, davon stehen sechs auf der Roten Liste, und 20 Libellenarten haben hier ihr Refugium. Flinke Kreuzkröten halten Hochzeit in Panzerspuren. Festgäste sind Teich-, Berg- und Fadenmolche. Der Schießplatz ist ein Paradies für Tag- und Nachtfalter und für 28 Heuschrecken-Arten, von denen die Hälfte auf der Roten Liste steht. Wanstschrecken, War-

zenbeißer, Kleine Heidegrashüpfer und Gebirgsgrashüpfer, die in der Kulturlandschaft schon lange ausgerottet sind, haben auf dem Übungsplatz in nennenswerten Populationen überlebt.

Granateinschläge und Panzerketten hinterließen Störstellen mit Bodenwunden. Hier brüten Feldlerchen, jagen Laufkäfer, bauen Wildbienen ihre Brutröhren und hüpfen Westliche Beißschrecken wie Knallfrösche in weiten Sätzen. Baumfalken, Rote und Schwarze Milane brüten in den Wäldern ebenso wie Waldohreulen, Raufuß- und Waldkäuze. Nach dem kriegerischen Geschosshagel halten paradoxerweise seltene Hohltauben in Vertretung für Friedenstauben Stellung in ausgefaulten Einschusslöchern und Schwarzspechthöhlen.

Widmung

Dieses Buch widme ich allen wunderbaren Menschen, welche die Schwäbische Alb lieben und schätzen. Ich wünsche ihnen, dass ihre Augen aufgehen und ihre Blicke geschärft werden. Ich widme es den vielen engagierten Naturschützern, welche für die Unversehrtheit der letzten Naturparadiese kämpfen, vor allem aber meinen Enkelkindern Yara und Gabriel. Ich danke herzlich meiner Frau für ihr Verständnis und ihre Hilfe, den Mitarbeitern des Silberburg-Verlages und Behörden, die mich sehr unterstützt haben, sowie meinen guten Freunden für wertvolle Tipps.

Meinen Schöpfer, der die Güte hatte, dass ich im siebten Jahr meines zweiten Lebens dieses Werk über seine Wunder und Schätze vollenden durfte, preise ich mit den Worten des Psalms 111/2: »Die Werke des Herrn sind groß, zum Staunen für alle, die daran ihre Freude haben.«